北大社·"十四五"职业教育规划教材
高职高专机电类专业"互联网+"创新规划教材

AutoCAD 实用教程

陈继斌　编　著

内 容 简 介

本书介绍了 AutoCAD 2023 的基本内容和使用方法，包括 AutoCAD 2023 基本操作、二维图形的绘制、图层及绘图辅助功能、二维图形的编辑、文字与表格、尺寸标注、图块和图块属性、三维绘图、图形的打印和输出等。

本书可作为高等学校的教材和教学参考用书，也可作为中等职业院校的教材和教学参考用书，还可作为相关技术人员的培训和参考用书。

图书在版编目（CIP）数据

AutoCAD 实用教程 / 陈继斌编著. --北京：北京大学出版社，2024.9. --（高职高专机电专业"互联网+"创新规划教材）. --ISBN 978-7-301-35427-8

Ⅰ. TP391.72

中国国家版本馆 CIP 数据核字第 2024HL4508 号

书　　　名	AutoCAD 实用教程 AutoCAD SHIYONG JIAOCHENG
著作责任者	陈继斌　编著
策 划 编 辑	童君鑫
责 任 编 辑	孙　丹
数 字 编 辑	蒙俞材
标 准 书 号	ISBN 978-7-301-35427-8
出 版 发 行	北京大学出版社
地　　　址	北京市海淀区成府路 205 号　100871
网　　　址	http://www.pup.cn　新浪微博：@北京大学出版社
电 子 邮 箱	编辑部：pup6@pup.cn　总编室：zpup@pup.cn
电　　　话	邮购部 010-62752015　发行部 010-62750672　编辑部 010-62750667
印 刷 者	三河市北燕印装有限公司
经 销 者	新华书店
	787 毫米×1092 毫米　16 开本　10.5 印张　256 千字 2024 年 9 月第 1 版　2024 年 9 月第 1 次印刷
定　　　价	39.80 元

未经许可，不得以任何方式复制或抄袭本书之部分或全部内容。
版权所有，侵权必究
举报电话：010-62752024　电子邮箱：fd@pup.cn
图书如有印装质量问题，请与出版部联系，电话：010-62756370

前　　言

AutoCAD 是应用广泛的绘图软件，适用于土木建筑、机械设计、装饰装潢、工业制图、电子电气、服装加工等领域，已经成为高等学校相关专业的一门基础课程。

学习本书内容，学生能够掌握 AutoCAD 2023 的基本内容和使用方法，具备基本绘图能力，为今后解决生产实际问题和职业生涯的发展奠定基础。

本书为创新型教材，内容全面、层次分明、通俗易懂、实用性强。每章章首都设置"本章教学要点"模块，学生可了解本章学习重点及能力要求。

本书紧跟信息时代的步伐，在相关知识点旁边通过二维码的形式增加视频资源，学生可以通过扫描二维码学习相关绘图知识。

本书由郑州轨道工程职业学院陈继斌任主编，参与本书编写的还有郑州轨道工程职业学院罗自英、谢变、李晓君、瞿峥嵘、王恒、陈琛，河南理工大学鹤壁工程技术学院苏颖，郑州轻工业大学陈川川，杭州仪迈科技有限公司宋进朝，等等。本书具体编写分工如下：第 1 章、第 5 章由苏颖、陈继斌编写，第 2 章、第 3 章由谢变、瞿峥嵘、宋进朝编写，第 4 章、第 7 章由罗自英、陈琛编写，第 6 章由李晓君编写，第 8 章、第 9 章由王恒、陈川川编写，二维码素材由瞿峥嵘、陈继斌、谢变提供。全书由陈继斌统稿。

郑州轻工业大学曹祥红任本书主审，提出了改进意见，在此编者表示衷心的感谢。

限于编者的水平，书中难免存在不妥之处，恳请广大读者批评指正。

编　者

2024 年 5 月

目 录

第 1 章　AutoCAD 2023 基本操作 …… 1
1.1　启动 AutoCAD 2023 …………… 2
1.2　AutoCAD 2023 工作界面简介 …… 4
1.3　图形文件的基本操作 …………… 8
1.4　命令的执行 …………………… 11
1.5　坐标系 ………………………… 14
1.6　设置图形单位 ………………… 15
1.7　键盘上的功能键 ……………… 16
练习题 ……………………………… 16

第 2 章　二维图形的绘制 …………… 17
2.1　菜单栏"绘图"及面板
　　　"绘图" ……………………… 18
2.2　直线类对象 …………………… 19
2.3　圆弧类对象 …………………… 21
2.4　平面图形对象 ………………… 25
2.5　多段线 ………………………… 26
2.6　样条曲线 ……………………… 28
2.7　多线 …………………………… 29
2.8　点 ……………………………… 31
2.9　图案填充与图案填充编辑 …… 33
练习题 ……………………………… 36

第 3 章　图层及绘图辅助功能 ……… 37
3.1　图层 …………………………… 38
3.2　绘图辅助工具 ………………… 44
3.3　视图显示 ……………………… 49
练习题 ……………………………… 50

第 4 章　二维图形的编辑 …………… 51
4.1　选择对象 ……………………… 52
4.2　删除对象 ……………………… 53
4.3　调整对象位置 ………………… 53
4.4　利用已有对象创建新对象 …… 55
4.5　调整对象尺寸 ………………… 60
4.6　打断、分解与合并对象 ……… 64
4.7　倒角和圆角 …………………… 67
4.8　编辑多段线、多线和样条曲线 … 69

4.9　对象特性编辑与特性匹配 …… 72
4.10　夹点编辑 ……………………… 74
练习题 ……………………………… 75

第 5 章　文字与表格 ………………… 77
5.1　AutoCAD 中可以使用的字体 … 78
5.2　定义文字样式 ………………… 79
5.3　文字输入 ……………………… 83
5.4　文字编辑 ……………………… 85
5.5　创建表格 ……………………… 86
练习题 ……………………………… 92

第 6 章　尺寸标注 …………………… 93
6.1　尺寸标注的类型 ……………… 94
6.2　创建尺寸标注样式 …………… 94
6.3　标注长度型尺寸 ……………… 102
6.4　标注半径、直径和角度 ……… 106
6.5　快速标注 ……………………… 109
6.6　尺寸编辑 ……………………… 110
练习题 ……………………………… 113

第 7 章　图块和图块属性 …………… 115
7.1　图块 …………………………… 116
7.2　图块属性 ……………………… 122
练习题 ……………………………… 127

第 8 章　三维绘图 …………………… 128
8.1　切换工作空间 ………………… 129
8.2　三维建模基础 ………………… 129
8.3　创建三维实体模型 …………… 133
8.4　编辑三维实体对象 …………… 144
8.5　三维模型的显示效果 ………… 150
8.6　利用三维实体生成视图和
　　　剖视图 ……………………… 152
练习题 ……………………………… 155

第 9 章　图形的打印和输出 ………… 156
9.1　模型空间和图纸空间 ………… 157
9.2　图形的打印设置 ……………… 158

参考文献 …………………………… 162

第 1 章 AutoCAD 2023 基本操作

本章教学要点

知识要求	能力要求	相关知识
启动 AutoCAD 2023	掌握 AutoCAD 2023 的启动；掌握工作界面颜色的改变	AutoCAD 2023 的启动；工作界面颜色的改变
AutoCAD 2023 工作界面简介	熟悉工作界面及其各部分名称	工作界面
图形文件的基本操作	掌握新建文件；掌握保存文件；掌握打开文件；掌握关闭文件；掌握退出系统	新建文件；保存文件；打开文件；关闭文件；退出系统
命令的执行	熟悉执行命令的方式；熟悉命令响应；熟悉放弃与重做命令；熟悉鼠标功能	执行命令的方式；命令响应；放弃与重做命令；鼠标功能
坐标系	熟悉世界坐标系与用户坐标系；熟悉坐标的表示方法	世界坐标系与用户坐标系；坐标的表示方法
设置图形单位	掌握图形单位的设置	图形单位
键盘上的功能键	了解键盘上的功能键	功能键

AutoCAD是Autodesk公司开发的一种通用的计算机辅助设计软件，应用广泛。2022年推出AutoCAD 2023，可以用于土木建筑、机械设计、装饰装潢、工业制图、电子电气、服装加工等领域。

1.1 启动AutoCAD 2023

启动AutoCAD 2023有如下三种方法。

（1）通过桌面快捷方式启动：双击桌面上的AutoCAD 2023图标 启动。

（2）通过"开始"程序菜单启动：选择"开始"→"AutoCAD 2023 简体中文（Simplified Chinese）"命令启动。

（3）通过已有AutoCAD图形文件启动：双击已有扩展名为.dwg的图形文件启动，并打开该图形文件。

启动AutoCAD 2023后，进入工作界面，如图1.1所示。

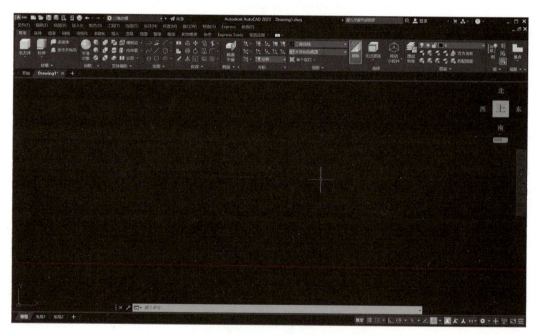

图1.1 工作界面

AutoCAD 2023的默认工作界面是黑色的，要改变工作界面颜色，可单击应用程序按钮 ，单击"选项"按钮，如图1.2（a）所示；或选择"工具"→"选项"菜单命令；或在绘图区右击，在弹出的快捷菜单中选择"选项"命令，调出"选项"方式如图1.2（b）所示。

单击"选项"按钮，弹出"选项"对话框，如图1.3所示。在"显示"选项卡中选择"颜色主题"为"明"，则除绘图区外的工作界面颜色显示为浅色。要想改变绘图区的底色，可单击"颜色"按钮，在弹出的对话框内将颜色改为白色。

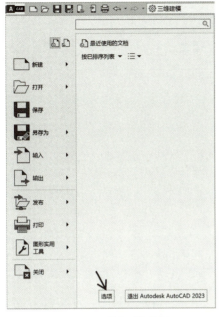
（a）"选项"按钮

（b）右击后的快捷菜单

图 1.2 调出"选项"方式

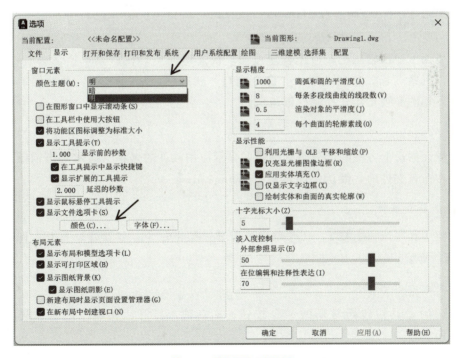

图 1.3 "选项"对话框

修改完底色的工作界面及其各部分名称如图 1.4 所示。

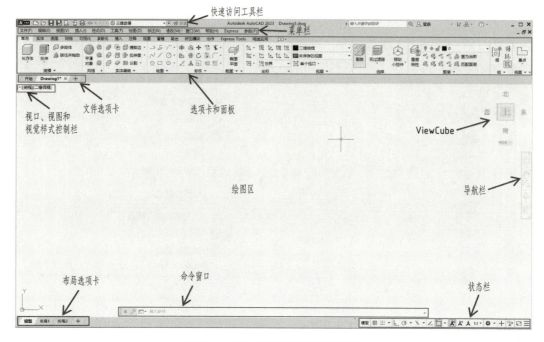

图 1.4　工作界面及其各部分名称

1.2　AutoCAD 2023 工作界面简介

工作界面主要由标题栏，应用程序按钮，快速访问工具栏，菜单栏，选项卡和面板，绘图区，坐标系图标，布局选项卡，命令窗口，状态栏，ViewCube，导航栏，文件选项卡，视口、视图和视觉样式控制栏等组成。

1. 标题栏

工作界面的最上方中间部分是标题栏，显示应用软件的名称、版本和当前图形文件的文件名，在命名文件前，默认文件名为 Drawing1.dwg。

2. 应用程序按钮

单击应用程序按钮 ，在菜单中可以选择操作命令，如新建、打开、保存等，如图 1.2（a）所示。

3. 快速访问工具栏

快速访问工具栏包括常用的命令按钮，如新建、打开、保存、打印和放弃等，如图 1.5 所示。

图 1.5　快速访问工具栏

单击快速访问工具栏最右侧的三角形按钮 ▼，可展开"自定义快速访问工具栏"菜单，如图 1.6 所示。用户可以设置快速访问工具栏中的工具，勾选的命令为快速访问工具栏中显示的命令按钮，取消勾选可以关闭该命令按钮。

图1.6 "自定义快速访问工具栏"菜单

4. 菜单栏

默认工作界面中菜单栏是隐藏的，在图 1.6 所示的菜单中选择"显示菜单栏"选项可显示菜单栏，如图 1.7 所示。

| 文件(F) | 编辑(E) | 视图(V) | 插入(I) | 格式(O) | 工具(T) | 绘图(D) | 标注(N) | 修改(M) | 窗口(W) | 帮助(H) | Express | 参数(P) |

图 1.7 菜单栏

调出菜单栏后，图 1.6 所示菜单中的"显示菜单栏"选项变为"隐藏菜单栏"选项，选择"隐藏菜单栏"选项可隐藏菜单栏。

菜单栏几乎包含 AutoCAD 2023 的所有命令。用户可以单击菜单栏中的命令进行操作，使用菜单时有如下约定。

(1) 跟有">"的菜单命令：表示该菜单项有下一级子菜单。

(2) 跟有"…"的菜单命令：表示执行该菜单项将会弹出一个对话框，供用户进一步选择和设置。

(3) 跟有字母的菜单命令：表示打开该菜单后，按相应的键即可执行该菜单命令。

(4) 跟有组合键的菜单命令：表示直接按组合键即可执行该菜单命令。

5. 帮助

单击工作界面上方右端的 按钮或按 F1 键，弹出"帮助"对话框，可以查阅系统各命令和操作的使用方法。

6. 选项卡和面板

选项卡和面板如图 1.8 所示。

图 1.8　选项卡和面板

选项卡和面板包含大多数常用的命令和工具。单一紧凑的界面使应用程序变得简洁有序。用户可以单击选项卡名称栏最右边的列表按钮 ，在弹出的下拉列表中选择"最小化为选项卡""最小化为面板标题"或"最小化为面板按钮"选项，以使功能区最小化。

7. 绘图区

绘图区是工作界面中间最大的空白区域，它是用户绘图和编辑图形的工作区域。在绘图区中有一个"十"字光标线，其交点反映光标在当前坐标系中的位置。

8. 坐标系图标

在绘图区左下角有一个坐标系图标，用于显示当前坐标系的形式及 X、Y 坐标的正方向。AutoCAD 2023 的默认坐标系是世界坐标系（world coordinate system，WCS）。

单击"视图"→"视口工具"→"UCS 图标"命令，打开或关闭坐标系图标。

9. 布局选项卡

在绘图区底部有一个布局选项卡，可以在模型空间和图纸空间之间切换。"模型"代表模型空间，"布局"代表图纸空间。在通常情况下，先在模型空间绘制图形，再转至图纸空间进行图纸的布局与输出。

单击"视图"→"界面"→"布局选项卡"命令，打开或关闭布局选项卡。

10. 命令窗口

在绘图区下方有一个命令窗口，可以显示当前正在执行的命令以及命令的选项和需要输入的数值。当提供多个可能的命令时，可以通过单击或使用箭头键＋Enter 键或空格键选择，命令窗口如图 1.9 所示。

可以直接在命令窗口中输入命令。

按 Ctrl＋9 组合键可以打开或关闭命令窗口。按 F2 键可以切换到命令文本窗口，命令文本窗口显示了当前系统进程中命令的输入和执行过程，再次按 F2 键可关闭该文本窗口。

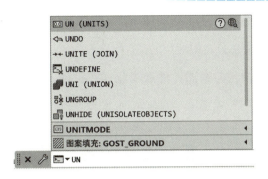

图 1.9 命令窗口

11. 状态栏

状态栏（图 1.10）在工作界面的右下角，可以快速调用某些常用绘图辅助工具，如捕捉、正交、极轴、追踪等。

图 1.10 状态栏

在默认情况下，不会在状态栏中显示所有工具，单击状态栏最右侧按钮 ≡，在弹出的"自定义"菜单中选择要在状态栏上显示和隐藏的工具。

12. ViewCube

ViewCube 是用户在二维或三维模型空间中处理图形时显示的导航工具。用户可以使用 ViewCube 在标准视图和等轴测视图间切换。

在默认情况下，ViewCube 图标显示在绘图区右上角且处于非活动状态，当光标放置在 ViewCube 工具上时，它变为活动状态。ViewCube 工具将在视图更改时提供有关模型当前视点的直观反应。用户可以拖动或单击 ViewCube 切换至所需视图。

单击"视图"→"视口工具"→ViewCube 命令，打开或关闭 ViewCube 工具。

13. 导航栏

导航栏是一种用户界面元素，用户可以从中访问通用导航工具。导航栏的 5 个工具分别是全导航控制盘、平移、范围缩放、动态观察和 ShowMotion。

单击"视图"→"视口工具"→"导航栏"命令，打开或关闭导航栏。

14. 文件选项卡

绘图区正上方是文件选项卡。打开多个文件时，可以单击各选项卡切换图形文件，如图 1.11 所示。

图 1.11 文件选项卡

单击"视图"→"界面"→"文件选项卡"命令,打开或关闭文件选项卡。

15. 视口、视图和视觉样式控制栏

绘图区左上方是视口控件、视图控件和视觉样式控件,可以进行视口设置、视图切换和视觉样式的切换。

1.3　图形文件的基本操作

图形文件的基本操作包括新建文件、保存文件、打开文件、关闭文件、退出系统等。

1.3.1　新建文件

可以通过默认图形样板文件或用户创建的自定义图形样板文件来创建新图形。图形样板文件存储默认设置、样式和其他数据。

AutoCAD 启动后,默认显示"开始"选项卡。单击"新建"按钮可以基于当前图形样板文件快速绘制新的图形;也可以通过"新建"右侧按钮 ∨ 选择样板文件,指定其他样板文件来绘制新的图形。

图形样板文件是以.dwt 为扩展名保存的图形文件,并指定图形中的样式、设置和布局,包括标题栏。默认图形样板文件作为样例提供给用户。

新建图形文件有以下 3 种方式。

(1) 命令:NEW。

(2) 菜单栏:选择"文件"→"新建"命令。

(3) 快速访问工具栏:"新建"按钮 。

执行"新建"命令后,弹出"选择样板"对话框,如图 1.12 所示。

图 1.12　"选择样板"对话框

用户可以在"名称"列表中选择合适的样板文件,单击"打开"按钮,以选定的样板新建图形文件。除系统给定的样板文件外,用户还可以自己创建所需样板文件,供以后使用。

样板文件是预先对绘图环境进行设置的"图形模板",作为绘制其他图形的起点,可以减少重复性的设置工作。

1.3.2 保存文件

要及时保存绘制的图形文件,保存图形文件有以下两种方式。

1. 以当前文件名保存图形文件

以当前文件名保存图形文件有以下3种方式。

(1) 命令:QSAVE。

(2) 菜单栏:选择"文件"→"保存"命令。

(3) 快速访问工具栏:"保存"按钮。

执行"保存"命令后,若已对文件命名,则系统自动保存;若未对文件命名,则弹出"图形另存为"对话框,如图1.13所示,用户可以在该对话框中指定要保存的文件夹、文件名和文件类型等。

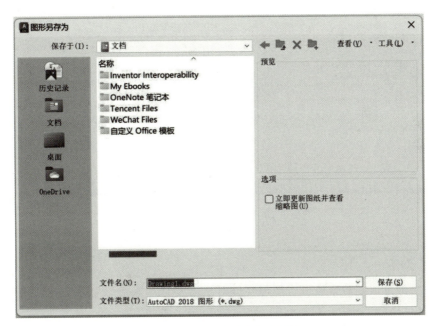

图1.13 "图形另存为"对话框

2. 指定新的文件名保存图形文件

如果用户希望以其他文件名保存当前图形文件,则选择菜单栏"文件"→"另存为"命令,弹出"图形另存为"对话框,如图1.13所示,用户为当前图形文件命名并保存后,当前图形文件名改变。

系统保存的图形文件扩展名为.dwg，第一次保存图形文件时，在指定的文件夹中生成一个扩展名为.dwg 的图形文件。再次执行保存命令时，除了生成一个扩展名为.dwg 的图形文件，还生成一个扩展名为.bak 的备份文件。

在 AutoCAD 各版本中，高版本软件可以打开低版本的图形文件，但低版本软件不能打开高版本的图形文件。要想用低版本软件打开用高版本软件画的图形文件，需要将其保存为低版本图形文件，保存方法有两种：一种是执行"另存为"命令，在弹出的"图形另存为"对话框的"文件类型"下拉列表框中选择低版本；另一种是单击"应用程序菜单"→"选项"按钮，弹出"选项"对话框，选择"打开和保存"选项卡（图 1.14），在"另存为"下拉列表框中选择低版本，单击"应用"按钮。设置后，再执行"保存"命令时，系统将自动把文件保存为所设置的版本。

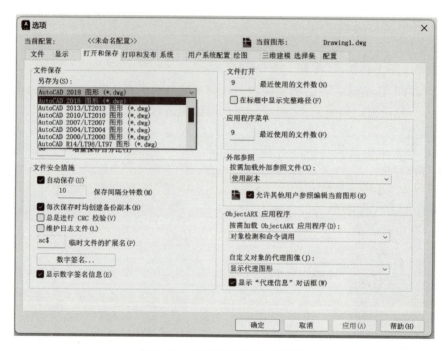

图 1.14 "打开和保存"选项卡

1.3.3 打开文件

当用户要浏览或编辑修改已有图形文件时，需要打开该图形文件。打开图形文件有以下 3 种方式。

（1）命令：OPEN。

（2）菜单栏：选择"文件"→"打开"命令。

（3）快速访问工具栏："打开"按钮。

执行"打开"命令后，弹出"选择文件"对话框，如图 1.15 所示，先选择存放文件的文件夹，再选择要打开的一个或多个文件，单击"打开"按钮，即可一次打开一个或多个图形文件。双击要打开的图形文件，也可以将其打开。

图 1.15 "选择文件"对话框

1.3.4 关闭文件

关闭图形文件有以下 3 种方式。

（1）命令：CLOSE。

（2）菜单栏：选择"文件"→"关闭"命令。

（3）单击菜单栏右边的"关闭"按钮 ✕（如果菜单栏处于隐藏状态，则单击该文件窗口右上角的"关闭"按钮 ✕，注意不是应用程序的"关闭"按钮）。

执行"关闭"命令后，如果该文件最后一次执行保存命令后没有进行其他操作，则直接关闭文件。如果最后一次执行完保存命令后进行了其他操作，则弹出"关闭文件"对话框，提示是否保存文件，单击"是"按钮，弹出"图形另存为"对话框，保存后关闭文件；如果单击"否"按钮，则不保存文件而关闭。

1.3.5 退出系统

退出系统有以下两种方式。

（1）菜单栏：选择"文件"→"退出"命令。

（2）单击应用程序标题栏最右边的"关闭"按钮 ✕。

执行"退出"命令后，如果将打开的图形文件保存后未进行其他操作，则自动退出系统。如果编辑图形文件后没有保存，则系统给出是否保存的提示信息，用户根据需要选择是、否或者取消，操作完毕后退出系统。如果同时打开多个图形文件，则每个图形文件都按上述过程执行。

1.4 命令的执行

在绘图中，用户的所有操作都是通过命令实现的。用户通过命令告知系统要进行的操作，系统对命令作出响应，并在命令行中显示命令的执行状态或需要进一步操作的选项。

1.4.1 执行命令的方式

执行命令的方式有以下 5 种。

（1）在命令行中直接输入命令。

用户在命令行中输入命令全称并按 Enter 键或空格键激活该命令；一些常用命令有 1～2 个字符的简写命令，用户可以在命令行直接输入简写命令并按 Enter 键或空格键激活该命令。

（2）单击功能区面板中的命令图标。

单击功能区面板中的命令图标执行命令。将鼠标在图标处停留数秒，会显示出该图标的名称，帮助用户识别。

（3）单击菜单栏相应命令。

单击菜单栏中的相应命令，一般常用的命令都可以在菜单栏中找到，这是一种较实用的命令执行方式。但是由于菜单栏命令较多，且又包含许多子菜单，因此通过菜单栏执行命令的效率较低。

（4）使用快捷菜单。

用户在绘图区右击或选择某对象后右击，弹出一个快捷菜单，在弹出的快捷菜单中选择相应的命令即可执行命令。

（5）直接按空格键或 Enter 键。

直接按空格键或 Enter 键可以执行刚执行的最后一个命令。绘图时，有时会重复使用某个命令，使用这种方式可以快速重复执行同一个命令。

用户无论以哪种方式执行命令，在命令提示行中都会有相应的命令提示，且提示内容相同。

1.4.2 命令响应

用户执行命令后，可以通过键盘、鼠标的操作响应，以完成命令操作。

（1）在命令行出现"指定点"的提示时，可以直接输入坐标值，也可以用鼠标在绘图区拾取一点来响应。

（2）在命令行出现"选择对象"的提示时，可以直接用鼠标在绘图区选取对象来响应。

（3）当命令有选项（命令提示文字后方括号"[ ]"中的内容）需要选取时，可以直接输入选项后面圆括号内的字母或数字，也可以使用向下箭头键在弹出的快捷菜单中选择选项来响应。

1.4.3 放弃与重做命令

用户可以放弃前面执行的一个或多个命令，也可以重复执行同一个命令。此外，放弃前面执行的命令后，还可以通过重做来恢复前面放弃的命令。

1. 放弃命令

放弃命令有以下 3 种方式。

（1）命令：UNDO 或 U。

（2）快速访问工具栏：单击"放弃"按钮 ，取消最近的命令操作。

（3）菜单栏：选择"编辑"→"放弃"命令。

2．重做命令

重做命令有以下 3 种方式。

（1）命令：REDO。

（2）快速访问工具栏：单击"重做"按钮 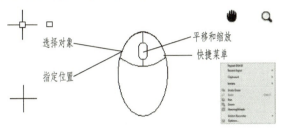。

（3）菜单栏：选择"编辑"→"重做"命令。

1.4.4 鼠标的功能

鼠标的左键、右键和滚轮有着不同的功能，如图 1.16 所示。

图 1.16 鼠标的功能

1．鼠标左键

左键是绘图过程中使用最多的键，其主要作用是执行命令或拾取功能。

2．鼠标右键

右键主要用于显示快捷菜单。

3．滚轮

在绘图区滚动滚轮，可以实现图形的实时缩放，即向下滚动滚轮，图形缩小；向上滚动滚轮，图形放大。在绘图区按住滚轮并移动鼠标，可以实现图形的实时平移。

当放大或缩小图形时，光标的位置很重要。将光标当作放大镜，例如，如果将光标放置在楼层平面的右上区域，则滚动滚轮即可放大且不移动该区域，如图 1.17 所示。

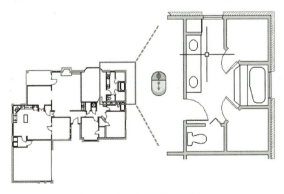

图 1.17 放大图形示例

1.5 坐 标 系

AutoCAD 图形中的各点位置都是由坐标确定的。AutoCAD 提供了两种坐标系：世界坐标系与用户坐标系（user coordinate system，UCS）。通过坐标系可以精确绘制图形，利用点的坐标可以容易地、精确地定出点的位置，从而精确作图。

1.5.1 世界坐标系与用户坐标系

1. 世界坐标系

进入 AutoCAD 界面时，系统默认的坐标系是世界坐标系，X 轴正向为水平向右方向；Y 轴正向为垂直向上方向；Z 轴正向为垂直屏幕方向向外。绘制二维平面图时，Z 坐标值默认为 0。

2. 用户坐标系

世界坐标系是固定不变的，但用户可以根据需要定义一个使用更方便的坐标系，即用户坐标系。用户坐标系的原点可以定义在绘图区的任意位置，它的坐标轴可以旋转任意角度。

1.5.2 坐标的表示方法

1. 直角坐标

直角坐标包括 X、Y、Z 三个坐标值。在平面绘图时，Z 坐标值默认为 0，不输入，只输入 X、Y 两个坐标值。坐标值之间必须用英文逗号","隔开，如"10，20"。

2. 极坐标

极坐标包括长度和极角两个值，长度为输入点与当前坐标系原点的连线长度；极角为输入点和当前坐标系原点的连线与 X 轴正向的夹角（逆时针为正，顺时针为负），它只能表达二维点的坐标。在长度和极角两个值之间用小于号"＜"隔开，如"10＜20"表示输入点与坐标系原点的连线长度为 10，极角为 20°。

3. 绝对坐标与相对坐标

绝对坐标是指相对于当前坐标系原点的坐标，当前坐标系既可以是世界坐标系，又可以是用户坐标系。坐标类型既可以是直角坐标，又可以是极坐标。

相对坐标是指输入点与相对点的相对位移值，在默认情况下相对点为前一点。为区别于绝对坐标，相对坐标应在坐标数值前加一个符号@。例如，"@10，20"和"@10＜20"均为合法的相对坐标。在相对极坐标中，长度为输入点与前一点的连线，极角为输入点和前一点连线与 X 轴正向的夹角。在实际绘图时，用户更容易确定点与点之间的相对坐标。因此，用户定点使用相对坐标更方便。

1.6 设置图形单位

图形单位是绘图时采用的单位，用户创建的所有对象的大小都是根据图形单位测量的。用户可以根据需要设置绘图单位的数据类型和数据精度。

设置图形单位有以下两种方式。

（1）命令：UNITS。

（2）菜单栏：选择"格式"→"单位"命令。

执行命令后，弹出"图形单位"对话框，如图1.18所示，可以设置长度单位类型及精度、角度单位类型及精度、插入时的缩放单位等。

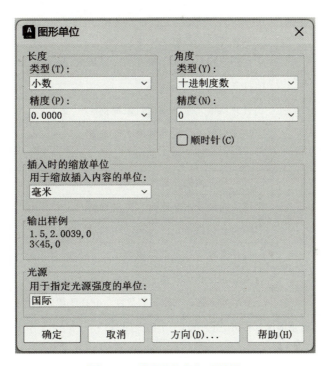

图1.18 "图形单位"对话框

1. 长度单位类型及精度设置

在"长度"选项区的"类型"下拉列表框中选择长度单位类型，如分数、工程、建筑、科学、小数等，默认是小数，这是符合我国国家标准的长度单位类型。在"精度"下拉列表框中选择长度精度。

2. 角度单位类型及精度设置

在"角度"选项区的"类型"下拉列表框中选择角度的单位类型。在"精度"下拉列表框中选择角度精度。在默认情况下，角度计算方向以逆时针为正，若选中"顺时针"复选框，则表示角度计算方向以顺时针为正。

3. 插入时的缩放单位设置

在"插入时的缩放单位"选项区的"用于缩放插入内容的单位"下拉列表框中选择插入当前图形的块和图形中的测量单位。

1.7 键盘上的功能键

键盘上的功能键在 AutoCAD 2023 中都有指定，见表 1.1。

表 1.1 键盘上的功能键

主键	功能	说明
F1	帮助	显示活动工具提示、命令、选项板或对话框的帮助
F2	展开历史记录	在命令窗口中显示展开的命令历史记录
F3	对象捕捉	打开和关闭对象捕捉
F4	三维对象捕捉	打开三维元素的其他对象捕捉
F5	等轴测平面	循环浏览、二维等轴测平面设置
F6	动态 UCS	打开与平面对齐的 UCS
F7	栅格显示	打开和关闭栅格显示
F8	正交	锁定光标按水平或垂直方向移动
F9	栅格捕捉	限制光标按指定的栅格间距移动
F10	极轴追踪	引导光标按指定的角度移动
F11	对象捕捉追踪	从对象捕捉位置水平或垂直追踪光标
F12	动态输入	显示光标附近的距离和角度，并在字段之间使用 Tab 键时接受输入

注：F8 键和 F10 键相互排斥，打开它们中的一个将关闭另一个。

练 习 题

1. AutoCAD 2023 工作界面由标题栏，应用程序按钮，快速访问工具栏，菜单栏，选项卡和面板，绘图区，坐标系图标，布局选项卡，命令窗口，状态栏，ViewCube，导航栏，文件选项卡，视口、视图和视觉样式控制栏等组成，找出它们的位置。

2. 执行命令的方式有多种，你喜欢用哪种方式？

3. 按要求设置绘图单位。要求：长度类型为小数，精度为整数；角度类型为十进制，精度保留两位小数。

4. 新建一个图形文件，并保存该文件。

第 2 章
二维图形的绘制

知识要求	能力要求	相关知识
菜单栏"绘图"及面板"绘图"	熟悉菜单栏"绘图"; 熟悉面板"绘图"	菜单栏"绘图"; 面板"绘图"
直线类对象	掌握直线段的绘制; 掌握射线的绘制; 掌握构造线的绘制	"直线"命令的运用; "射线"命令的运用; "构造线"命令的运用
圆弧类对象	掌握圆的绘制; 掌握圆弧的绘制; 掌握圆环的绘制; 了解椭圆的绘制	"圆"命令的运用; "圆弧"命令的运用; "圆环"命令的运用; "椭圆"命令的运用
平面图形对象	掌握矩形的绘制; 掌握多边形的绘制	"矩形"命令的运用; "多边形"命令的运用
多段线	熟悉多段线的绘制	"多段线"命令的运用
样条曲线	熟悉样条曲线的绘制	"样条曲线"命令的运用
多线	熟悉多线的绘制	"多线"命令的运用
点	掌握绘制点; 熟悉设置点样式; 熟悉定数等分; 熟悉定距等分	点; 点样式; 定数等分; 定距等分
图案填充与图案填充编辑	掌握图案填充; 掌握图案填充编辑	图案填充; 图案填充编辑

绘制二维图形是 AutoCAD 的绘图基础，绘图的方法很多，一般通过绘图命令实现。

2.1 菜单栏"绘图"及面板"绘图"

2.1.1 菜单栏"绘图"

单击菜单栏的"绘图"按钮，弹出"绘图"下拉菜单，如图 2.1 所示，其包含常用的绘图命令及绘制图形的基本方法，可以绘制相应的图形。

图 2.1 "绘图"下拉菜单

图 2.2 "绘图"面板

2.1.2 面板"绘图"

"绘图"面板如图 2.2 所示，其中每个按钮都与菜单栏"绘图"中的命令对应，单击按钮可执行相应的绘图命令。"绘图"面板上没有显示的绘图命令，可单击面板底部"绘图"按钮右侧的▼按钮，在弹出的下拉列表中选择。

2.2 直线类对象

2.2.1 直线段

创建一系列连续的直线段，每条线段都是可以单独编辑的直线对象。

1. 激活"直线"命令的方式

（1）命令：LINE 或 L。
（2）菜单栏：选择"绘图"→"直线"命令。
（3）面板：单击"绘图"→"直线"按钮 。

2. "直线"命令执行过程

第一步　指定第一个点。
第二步　指定下一点或［放弃（U）］。可以第二个点为起点，继续绘制第二条直线。
第三步　指定下一点或［闭合（C）/放弃（U）］。
说明：
（1）提示"指定下一点"时，按 Esc 键、Enter 键、空格键或单击快速访问工具栏上的"确认""放弃"命令来结束命令。若要放弃之前的线段，则在命令行输入 U；若要使一系列线段闭合，则在命令行输入 C。
（2）指定直线的端点时，可以用鼠标直接在绘图区中所需位置拾取，也可以输入点的坐标来指定一个点。可以输入点的绝对坐标，如"150，160"或"25＜60"；也可以输入点的相对坐标，如"@150，160"或"@100＜70"。

【例 2-1】　绘制直线，如图 2.3 所示。

图 2.3　绘制直线

例2-1

2.2.2 射线

射线是单方向无限延伸的直线，可用作辅助线。

1. 激活"射线"命令的方式

（1）命令：RAY。
（2）菜单栏：选择"绘图"→"射线"命令。
（3）面板：单击"绘图"→"射线"按钮 。

2. "射线"命令执行过程

第一步　指定起点。

第二步　指定通过点。

可以绘制通过起点的一条或多条射线，按 Esc 键、Enter 键、空格键或鼠标右键结束命令。

【例 2-2】　绘制射线，如图 2.4 所示。

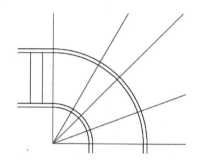

图 2.4　绘制射线

2.2.3　构造线

构造线是两端无限延伸的直线，可以创建各种构造和参考线，还可修剪边界。

1. 激活"构造线"命令的方式

（1）命令：XLINE 或 XL。

（2）菜单栏：选择"绘图"→"构造线"命令。

（3）面板：单击"绘图"→"构造线"按钮。

2. "构造线"命令执行过程

第一步　指定点或［水平（H）/垂直（V）/角度（A）/二等分（B）/偏移（O）］。

第二步　指定通过点。可以通过指定两点绘制构造线，也可以选择其他选项绘制各种构造线。

其他选项的含义如下。

水平（H）：创建一条通过选定点的水平参考线。

垂直（V）：创建一条通过选定点的垂直参考线。

角度（A）：以指定的角度创建一条参考线。

二等分（B）：创建一条参考线，它经过选定的角顶点，并且将选定的两条线之间的夹角平分。

偏移（O）：创建与指定线相距给定距离的构造线。

【例 2-3】 绘制构造线，如图 2.5 所示。

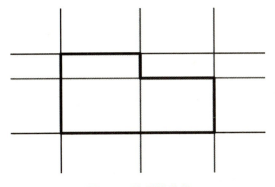

例2-3

图 2.5 绘制构造线

2.3 圆弧类对象

2.3.1 圆

根据已知条件绘制圆。

1. 激活"圆"命令的方式

(1) 命令：CIRCLE 或 C。
(2) 菜单栏：选择"绘图"→"圆"命令。
(3) 面板：单击"绘图"→"圆"按钮 。

绘制圆的方式有 6 种，如图 2.6 所示。

2. "圆"命令执行过程

指定圆的圆心或［三点（3P）/两点（2P）/切点、切点、半径（T）］。

图 2.6 绘制圆的 6 种方式

(1) 圆心，半径（R）——用圆心和半径绘制圆。

第一步 指定圆心点。可以用鼠标直接在绘图区中所需位置拾取，也可以输入点的坐标指定一个圆心点。

第二步 指定圆的半径或［直径（D）］（输入圆的半径值，按 Enter 键；或用鼠标在绘图区拾取一个点）。

(2) 圆心，直径（D）——用圆心和直径绘制圆。

第一步 指定圆心点。

第二步 指定圆的半径或［直径（D）］（输入 D，按 Enter 键）。

第三步 输入圆的直径值，按 Enter 键。

(3) 两点（2）——用直径的两个端点绘制圆。

第一步 指定圆直径的第一个端点。

第二步　指定圆直径的第二个端点。

（4）三点（3）——用圆周上的三个点绘制圆。

第一步　指定圆上的第一个点。

第二步　指定圆上的第二个点。

第三步　指定圆上的第三个点。

（5）相切，相切，半径（T）——用指定半径绘制相切于两个对象的圆。

第一步　指定对象与圆的第一个切点。

第二步　指定对象与圆的第二个切点。

第三步　指定圆的半径（当前默认值）（输入圆的半径值，按 Enter 键）。

（6）相切，相切，相切（A）——绘制相切于三个对象的圆。

第一步　指定圆上的第一个点。

第二步　指定圆上的第二个点。

第三步　指定圆上的第三个点。

【例 2-4】　绘制圆，如图 2.7 所示。

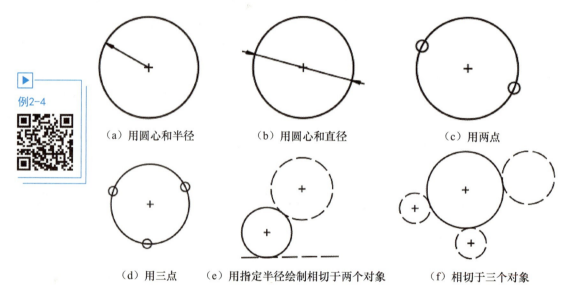

图 2.7　绘制圆

2.3.2　圆弧

根据已知条件绘制圆弧。

1. 激活"圆弧"命令的方式

（1）命令：ARC 或 A。

（2）菜单栏：选择"绘图"→"圆弧"命令。

（3）面板：单击"绘图"→"圆弧"按钮。

绘制圆弧的方式有 11 种，如图 2.8 所示，下面介绍其中 3 种。

二维图形的绘制 **第2章**

2. "圆弧"命令执行过程

(1) 三点(P)——用三点绘制圆弧。

第一步　指定圆弧的起点或[圆心(C)]。

第二步　指定圆弧的第二个点或[圆心(C)/端点(E)]。

第三步　指定圆弧的端点。

(2) 起点,圆心,端点(S)——用起点、圆心和端点绘制圆弧。

第一步　指定圆弧的起点或[圆心(C)]。

第二步　指定圆弧的第二个点或[圆心(C)/端点(E)]。

第三步　指定圆弧的端点或[角度(A)弦长(L)]。

(3) 起点,圆心,角度(T)——用起点、圆心和角度绘制圆弧。

第一步　指定圆弧的起点或[圆心(C)]。

第二步　指定圆弧的第二个点或[圆心(C)/端点(E)]。

第三步　指定圆弧的圆心。

第四步　指定圆弧的端点(按住Ctrl键以切换方向)或[角度(A)/弦长(L)](选择"角度"输入A,按Enter键)。

第五步　指定包夹角(按住Ctrl键以切换方向)(输入圆心角,按Enter键)。

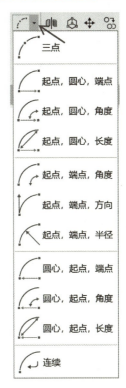

图2.8　绘制圆弧的11种方式

【例2-5】　绘制圆弧,如图2.9所示。

(a) 用三点

(b) 用起点、圆心和端点

(c) 用起点、圆心和角度

图2.9　绘制圆弧

例2-5

2.3.3　圆环

圆环是实心圆或较宽的环。

1. 激活"圆环"命令的方式

(1) 命令:DONUT 或 DO。

(2) 菜单栏:选择"绘图"→"圆环"命令。

(3) 面板:单击"绘图"→"圆环"按钮 ◉。

2. "圆环"命令执行过程

第一步　指定圆环的内径。

23

第二步　指定圆环的外径。

第三步　指定圆环的中心点或（退出）。

使用"FILL"系统变量可以改变圆环的填充效果。在命令行输入 FILL 并按 Enter 键，若选择"开（ON）"选项，则可对圆环进行填充；若选择"关（OFF）"选项，则不对圆环进行填充，而只显示轮廓线。

【例 2–6】　绘制圆环，如图 2.10 所示。

（a）不填充　　　　　　　　　（b）填充

图 2.10　绘制圆环

2.3.4　椭圆

绘制椭圆或椭圆弧。

1. 激活"椭圆"命令的方式

（1）命令：ELLIPSE 或 EL。

（2）菜单栏：选择"绘图"→"椭圆"命令。

（3）面板：单击"绘图"→"椭圆"按钮。

绘制椭圆有 3 种方式，如图 2.11 所示。

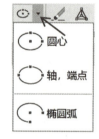

图 2.11　绘制椭圆的 3 种方式

2. "椭圆"命令执行过程

（1）圆心（C）。

第一步　指定椭圆的中心点。

第二步　指定轴的端点。

第三步　指定另一条半轴长度或［旋转（R）］。

（2）轴，端点（E）。

第一步　指定椭圆的轴端点或［圆弧（A）/中心点（C）］。

第二步　指定轴的另一个端点。

第三步　指定另一条半轴长度或［旋转（R）］。

（3）椭圆弧（A）。

第一步　指定椭圆弧的轴端点或［中心点（C）］。

第二步　指定轴的另一个端点。

第三步　指点另一条半轴长度或［旋转（R）］。

第四步　指定起始角度或［参数（P）］。

第五步　指定终止角度或［参数（P）/包含角度（I）］。

【例 2-7】　绘制椭圆及椭圆弧，如图 2.12 所示。

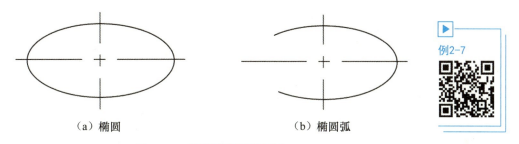

（a）椭圆　　　　　　　　　　　　（b）椭圆弧

图 2.12　绘制椭圆及椭圆弧

2.4　平面图形对象

2.4.1　矩形

由指定的参数绘制矩形。

1. 激活"矩形"命令的方式

（1）命令：RECTANG 或 REC。

（2）菜单栏：选择"绘图"→"矩形"命令。

（3）面板：单击"绘图"→"矩形"按钮 。

2. "矩形"命令执行过程

第一步　指定第一个角点或［倒角（C）/标高（E）/圆角（F）/厚度（T）/宽度（W）］。
第二步　指定另一个角点或［面积（A）/尺寸（D）/旋转（R）］。
可以通过指定两点绘制矩形，也可以选择其他选项绘制各种矩形。
其他选项的含义如下。
面积（A）：使用面积和长度或宽度创建矩形。
尺寸（D）：指定矩形的长度，按 Enter 键；指定矩形的宽度，按 Enter 键。
旋转（R）：按指定的旋转角度创建矩形。

【例 2-8】　绘制矩形，如图 2.13 所示。

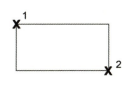

图 2.13　绘制矩形

2.4.2 多边形

由指定的参数绘制多边形。

1. 激活"多边形"命令的方式

（1）命令：POLYGON。

（2）菜单栏：选择"绘图"→"多边形"命令。

（3）面板：单击"绘图"→"多边形"按钮 。

2. "多边形"命令执行过程

第一步　输入侧面数。
第二步　指定正多边形的中心点或［边（E）］。
第三步　输入选项［内接于圆（I）/外切于圆（C）。
第四步　指定圆的半径。

【例 2-9】　绘制多边形，如图 2.14 所示。

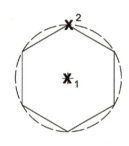
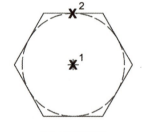

（a）内接于圆　　　　　　（b）外切于圆

图 2.14　绘制多边形

2.5　多　段　线

使用"多线段"命令可绘制由若干直线段和圆弧段首尾相连而成的、可具有不同线宽的一个独立对象。

1. 激活"多段线"命令的方式

（1）命令：PLINE 或 PL。

（2）菜单栏：选择"绘图"→"多段线"命令。

（3）面板：单击"绘图"→"多段线"按钮 。

2. "多段线"命令执行过程

第一步　指定起点。
第二步　指定下一个点或［圆弧（A）/半宽（H）/长度（L）/放弃（U）/宽度（W）］。

第三步　如果在该提示下选择"指定下一个点"默认选项,绘制连接两点的多段线,同时给出提示。

第四步　指定下一点或［圆弧（A）/闭合（C）/半宽（H）/长度（L）/放弃（U）/宽度（W）］。

其他选项的含义如下。

(1) 圆弧（A）。

选择"圆弧（A）"选项,命令行提示如下内容。

指定圆弧的端点（按住 Ctrl 键以切换方向）或［角度（A）/圆心（CE）/闭合（CL）/方向（D）/半宽（H）/直线（L）/半径（R）/第二个点（S）/放弃（U）/宽度（W）］。

(2) 闭合（C）。

选择"闭合（C）"选项,连接第一条线段和最后一条线段,以创建闭合的多段线。

(3) 半宽（H）。

指定从宽线段的中心到一条边的宽度,即所设值是多段线线宽的一半。选择"半宽（H）"选项,命令行依次提示如下内容。

指定起点半宽:（输入起点的半宽值,按 Enter 键）。

指定端点半宽:（输入端点的半宽值,按 Enter 键）。

(4) 长度（L）。

从当前点绘制指定长度的多线段。选择"长度（L）"选项后,命令行提示指定直线的长度。

在该提示下输入长度值,将以该长度沿着上一次所绘直线的方向绘制直线。如果前一段对象是圆弧,则所绘制直线的方向为该圆弧终点的切线方向。

(5) 放弃（U）。

删除最后绘制的直线或圆弧段。

(6) 宽度（W）。

确定多线段的线宽。选择"宽度（W）"选项后,命令行提示如下内容。

指定起点宽度:（输入多段线的起点线宽值,按 Enter 键）。

指定端点宽度:（输入多段线的端点线宽值,按 Enter 键）。

【例 2-10】　绘制多段线,如图 2.15 所示。

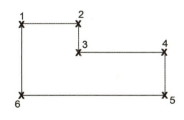

图 2.15　绘制多段线

2.6 样条曲线

绘制通过或接近拟合点的平滑曲线。

1. 激活"样条曲线"命令的方式

（1）命令：SPLINE 或 SPL。
（2）菜单栏：选择"绘图"→"样条曲线"命令。
（3）面板：单击"绘图"→"样条曲线"按钮 。
绘制样条曲线有两种方式，如图 2.16 所示。

图 2.16 绘制样条曲线的两种方式

2. "样条曲线"命令执行过程

第一步　指定第一个点或［方式（M）/节点（K）/对象（O）］。
第二步　输入下一个点或［起点切向（T）/公差（L）］。
第三步　输入下一个点或［端点相切（T）/公差（L）/放弃（U）］。
第四步　输入下一个点或［端点相切（T）/公差（L）/放弃（U）/闭合（C）］。

其他选项的含义如下。

（1）方式（M）：选择使用拟合点或控制点创建样条曲线。
（2）节点（K）：指定节点参数化，它是一种计算方法，用来确定样条曲线中连续拟合点之间零部件曲线的过渡方式。
（3）对象（O）：将二维或三维的二次或三次样条曲线拟合多段线转换成等效的样条曲线。根据系统变量的设置，保留或放弃原多段线。
（4）起点切向（T）：指定在样条曲线起点的相切条件。
（5）端点相切（T）：指定在样条曲线终点的相切条件。
（6）公差（L）：样条曲线可以偏离指定拟合点的距离。公差值 0（零）要求生成的样条曲线直接通过拟合点。公差值适用于所有拟合点（拟合点的起点和终点除外），始终存在为 0（零）的公差。
（7）闭合（C）：通过定义与第一个点重合的最后一个点，使开放的样条曲线闭合。在默认情况下，闭合的样条曲线为周期性的，沿整个环保持曲率连续性。

【例 2-11】　绘制样条曲线，如图 2.17 所示。

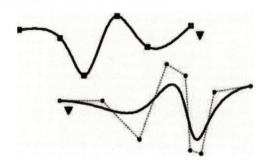

图 2.17　绘制样条曲线

2.7 多　　线

2.7.1 多线样式

多线由多条平行线组成，绘制前需定义多线的样式。

1. 激活"多线样式"命令的方式

（1）命令：MLSTYLE。

（2）菜单栏：选择"格式"→"多线样式"命令。

2. "多线样式"命令执行过程

第一步　激活"多线样式"命令后，弹出"多线样式"对话框，如图 2.18 所示。

图 2.18　"多线样式"对话框

第二步　单击"新建"按钮，弹出"创建新的多线样式"对话框，如图 2.19 所示，输入新样式名并选择基础样式。

第三步　单击"继续"按钮，弹出"新建多线样式：GB"对话框，如图 2.20 所示，可以设置多线样式的参数。

图 2.19 "创建新的多线样式"对话框

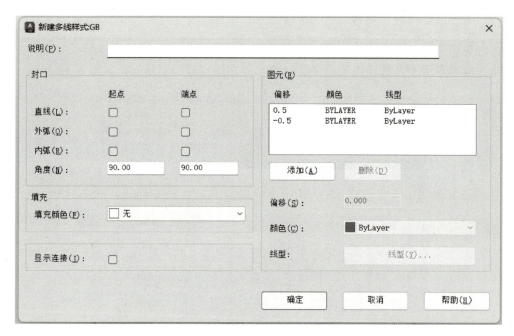

图 2.20 "新建多线样式：GB"对话框

在"多线样式"对话框中，单击"保存"按钮将多线样式保存到文件（默认文件为 acad.mln）。可以将多个多线样式保存到同一个文件中。

如果要创建多个多线样式，则在创建新样式之前保存当前样式，否则将丢失对当前样式所做的更改。

2.7.2 绘制多线

多线由多条平行线组成，这些平行线称为元素。

1. 激活"多线"命令的方式

（1）命令：MLINE 或 ML。

（2）菜单栏：选择"绘图"→"多线"命令。

2. "多线"命令执行过程

第一步　指定起点或［对正（J）/比例（S）/样式（ST）］。
第二步　指定下一点。
第三步　指定第一个点。
第四步　指定下一点或［放弃（U）］。
第五步　指定下一点或［闭合（C）/放弃（U）］。

其他选项的含义如下。

(1) 对正（J）。

选择"对正（J）"选项，指定多线的对正方式。此时命令行提示"输入对正类型［上（T）/无（Z）/下（B）］＜上＞"。

(2) 比例（S）。

选择"比例（S）"选项，指定绘制的多线的比例因子。选择该选项，命令行提示"输入多线比例＜20.00＞"。

(3) 样式（ST）。

选择"样式（ST）"选项，指定绘制多线的样式，命令行提示"输入多线样式或［?］"。可以直接输入已有的多线样式名，也可以输入"?"显示已定义的多线样式名。

【例 2-12】　绘制多线，如图 2.21 所示。

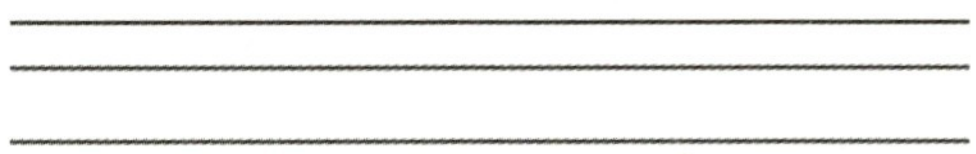

图 2.21　绘制多线

2.8　点

2.8.1　绘制点

在指定位置绘制单点或多点。

1. 激活"点"命令的方式

(1) 命令：POINT（单点）或 MULTIPLE（多点）。
(2) 菜单栏：选择"绘图"→"点"命令。
(3) 面板：单击"绘图"→"多点"按钮 。

绘制点有四种方式，如图 2.22 所示。

图 2.22　绘制点的两种方式

2. "点"命令执行过程

在"指定点"提示下，用户可以在绘图区拾取各点或输入各点的坐标值来绘制相应的点。按 Esc 键可结束"点"命令。

2.8.2 设置点样式

设置点的大小和样式。

1. 激活"点样式"命令的方式

（1）命令：DDPTYPE 或 PTYPE。

（2）菜单栏：选择"格式"→"点样式"命令。

2. 设置点样式

执行"点样式"命令后，弹出"点样式"对话框，如图 2.23 所示，其中列出了 20 种点样式供用户选择。

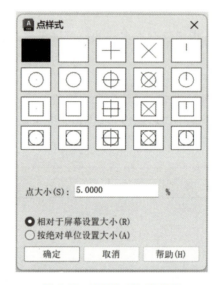

图 2.23 "点样式"对话框

（1）点样式：通过单击图标来更改点样式。

（2）"点大小"文本框：设定点的大小。

（3）"相对于屏幕设置大小"单选按钮：按屏幕尺寸的百分比设定点的显示大小。进行缩放时，点的显示大小不改变。

（4）"按绝对单位设置大小"单选按钮：按"点大小"设定点的显示大小。进行缩放时，点的显示大小改变。

2.8.3 定数等分

在对象上按指定的数量绘制多个点，这些点之间的距离相等。

1. 激活"定数等分"命令的方式

（1）命令：DIVIDE。

（2）菜单栏：选择"绘图"→"点"→"定数等分"命令。

2. "定数等分"命令执行过程

第一步　选择要定数等分的对象。
第二步　输入线条数目或［块（B）］（输入要等分的数目，按 Enter 键）。

【例 2-13】　定数等分圆周，如图 2.24 所示。

图 2.24　定数等分圆周

2.8.4　定距等分

从指定对象上的一端按指定的距离绘制多个点，最后一段通常不为指定的距离。

1. 激活"定距等分"命令的方式

（1）命令：MEASURE。
（2）菜单栏：选择"绘图"→"点"→"定距等分"命令。

2. "定距等分"命令执行过程

第一步　选择要定距等分的对象。
第二步　输入线段长度或［块（B）］（输入等距数值，按 Enter 键）。
说明如下。
（1）定数等分或定距等分线段前，要设置点的样式。
（2）定距等分线段时，用鼠标拾取对象时靠近线段哪一端，就从哪一端开始计量。

【例 2-14】　定距等分线段，如图 2.25 所示。

图 2.25　定距等分线段

2.9　图案填充与图案填充编辑

2.9.1　图案填充

使用填充图案对封闭区域或选定对象进行填充。

1. 激活"图案填充"命令的方式

（1）命令：BHATCH、BH 或 H。
（2）菜单栏：选择"绘图"→"图案填充"命令。
（3）面板：单击"绘图"→"图案填充"按钮。

2. "图案填充"命令执行过程

激活"图案填充"命令后，"图案填充创建"选项卡如图 2.26 所示。

图 2.26 "图案填充创建"选项卡

（1）"边界"面板。

"边界"面板各按钮的功能如下。

①"拾取点"按钮：以拾取点的形式指定填充区域边界。在封闭区域内任意拾取一点，将在该区域填充所选图案。

②"选择"按钮：可以通过选择对象的方式定义填充区域边界。选择填充区域边线，将在所选边线构成的封闭区域内填充图案。

③"删除"按钮：删除之前添加的填充图案。

④"重新创建"按钮：围绕选定的填充图案或填充对象创建多段线或面域，并使其与图案填充对象关联。

（2）"图案"面板。

在"图案"面板显示所有预定义图案和自定义图案的预览图像。

（3）"特性"面板。

"特性"面板中各按钮的功能如下。

①"图案"按钮：用来指定填充类型，包括实体、渐变色、图案和用户定义 4 种。

②"图案填充透明度"按钮：显示图案填充的透明度或替代图案填充的透明度。

③"角度"按钮：指定填充图案的旋转角度。

④"比例"按钮：仅当"类型"为"图案"时可以使用，用于放大或缩小预定义图案、自定义图案。

（4）"原点"面板。

"原点"面板控制填充图案生成的起始位置。默认所有图案填充原点都对应于当前的 UCS 原点。

（5）"选项"面板。

"选项"面板用于控制图案填充的常用选项，各按钮的功能如下。

①"关联"按钮：指定图案填充或填充为关联图案。

②"注释性"按钮：指定图案填充为注释性。

③"特性匹配"按钮：包括"使用当前原点"和"用源图案填充原点"两个选项，默

认为"使用当前原点",指使用选定图案填充对象(除图案填充原点外)设定图案填充的特性。"用源图案填充原点"是指使用选定图案填充对象(包括图案填充原点)设定图案填充的特性。

④ "允许的间隙"选项:用来设定将对象用作图案填充边界时可以忽略的最大间隙。

⑤ "创建独立的图案填充"选项:用于控制指定多个单独的闭合边界时创建单个图案填充对象或多个图案填充对象。

⑥ "外部孤岛检测"选项:包括普通孤岛检测、外部孤岛检测、忽略孤岛检测、无孤岛检测4个子选项。

⑦ "置于边界之后"选项:用来指定图案填充的绘图顺序,图案可以放在图案填充边界及其他对象之后或之前;也可以不指定。

(6) "关闭"面板。

"关闭"面板用来关闭"图案填充创建"选项卡,退出图案填充。也可以按Enter键或Esc键退出图案填充。

2.9.2 图案填充编辑

当需要更改填充图案时,可以使用图案填充编辑命令。

1. 激活"图案填充编辑"命令的方式

(1) 命令:HATCHEDIT。

(2) 面板:单击"修改"→"图案填充编辑"按钮。

(3) 双击要编辑的图案对象。

2. "图案填充编辑"命令执行过程

激活"图案填充编辑"命令后,弹出"图案填充编辑"对话框,如图2.27所示,修改相关参数即可实现图案填充编辑。

图 2.27 "图案填充编辑"对话框

双击要编辑的图案对象，弹出"图案填充"选项卡，该选项卡显示选定图案对象的当前特性及相关参数，用户可以对其进行修改，从而实现图案填充编辑。

【例 2-15】 图案填充，如图 2.28 所示。

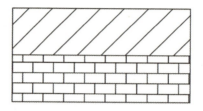

图 2.28　图案填充

练 习 题

1. 绘制一个直角三角形，使它的两条直角边分别为 500mm 和 1200mm。
2. 按照尺寸要求绘制图 2.29。

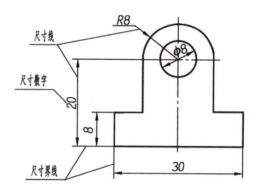

图 2.29　零件图

3. 绘制一个长度为 16m、高度为 2m 的墙，并填充图案 BRICK。
4. 绘制一个边长为 1000mm 的七边形，并填充图案 EARTH。

第 3 章
图层及绘图辅助功能

本章教学要点

知识要求	能力要求	相关知识
图层	了解"图层"控制面板； 熟悉图层属性； 掌握图层的管理	"图层"控制面板； 图层属性； 图层的管理
绘图辅助工具	了解栅格与捕捉； 了解正交与极轴追踪； 熟悉对象捕捉； 熟悉对象捕捉追踪； 熟悉动态输入	栅格与捕捉； 正交与极轴追踪； 对象捕捉； 对象捕捉追踪； 动态输入
视图显示	熟悉视图缩放； 熟悉视图平移； 熟悉重画与重生成图形	视图缩放； 视图平移； 重画与重生成图形

利用图层特性可以对不同对象进行分类管理，使用绘图辅助功能可以提高绘图的效率和精度。

3.1 图　　层

绘图时，通常对图形的不同特性进行分层管理，将具有相同线型、线宽的图形对象绘制在同一图层中。当需要对这类对象进行某些操作时，可以通过图层管理实现，从而提高绘图效率。

将图层看作一张透明纸，在不同的透明纸上画出部分图形，然后使这些透明纸重叠，就构成了一幅完整的图形。

当图形看起来很复杂时，可以隐藏当前不需要的对象。某住宅局部配电照明平面图如图 3.1（a）所示；为了看清楚建筑结构，可将门和配电照明图层暂时隐藏，如图 3.1（b）所示。

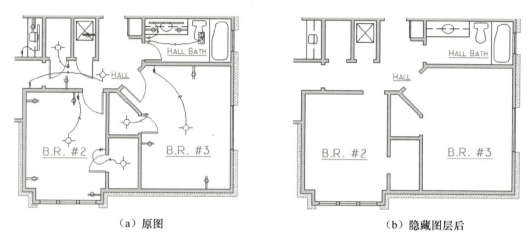

（a）原图　　　　　　　　　　　　　　（b）隐藏图层后

图 3.1　某住宅局部配电照明平面图示例

每个图层都有线型、线宽和颜色等属性，绘制图形工作都是在当前图层中进行的，并且绘制的图形自动继承该图层的所有属性。在默认情况下，在创建的空白图形文件中只有一个 0 图层。可通过图层特性管理器创建并设置图层。

3.1.1 "图层"控制面板

1. 激活"图层特性"命令的方式

（1）命令：LAYER 或 LA。

（2）菜单栏：选择"格式"→"图层"命令。

（3）面板：单击"图层"按钮 。

2. "图层"面板的功能

"图层"面板如图 3.2 所示，包含图层列表、"图层特性"按钮和图层控制命令按钮。

图层列表中列出了所有图层及图层管理状态；单击"图层特性"按钮可设置图层的属性，包含图层的名称、颜色、线型、线宽、透明度、打印等；图层控制命令按钮可以控制图层开/关、锁定/解锁、冻结/解冻、隔离等。

单击"图层特性"按钮，弹出"图层特性管理器"对话框，如图 3.3 所示，可以实现图层创建、图层属性设置和图层管理。

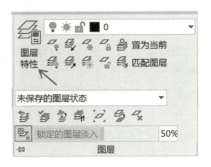

图 3.2 "图层"面板

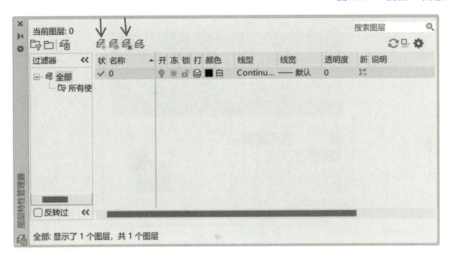

图 3.3 "图层特性管理器"对话框

绘图时，单击"新建"按钮 创建新图层，在图层列表中设置图层的属性。

当图层无用时，单击"删除"按钮 删除图层。但是无法删除当前图层、0 图层、Defpoints 图层以及包含图形对象的图层（"状态"列表中深色显示的图层）。

若要将图形对象直接绘制在某图层上，则将该图层设置为"当前图层"，"当前图层"的名称显示在图层特性管理器的顶部，在"状态"列表中该图层显示为 ，并且显示当前图层的名称、颜色、线型、线宽、透明度等。设置方法如下：在图层列表中选中图层，单击"置为当前"按钮或双击该图层的名称。在"图层"面板的下拉列表框中单击图层，也可将其更改为当前图层。

3.1.2 图层属性

在新建图层或绘图过程中，可以随时更改图层属性（如名称、颜色、线型、线宽等）。

1. 名称

图层名称是指使用图层时显示的名字，可以是数字、汉字或字母。为了便于识别，图层名称一般要能够反映绘制在该图层上的对象的特性。双击图层名称，或者右击图层名称，在弹出的快捷菜单中选择"重命名图层"命令，可以更改图层名称。

2. 颜色

图层颜色就是图层中对象的颜色，为了提高图形的辨识度，应为不同的图层设置不同的颜色。

单击图层对应的颜色选项，弹出"选择颜色"对话框，如图 3.4 所示，选择合适的颜色，单击"确定"按钮。"选择颜色"对话框提供 3 种颜色——索引颜色、真彩色、配色系统，建议使用索引颜色。

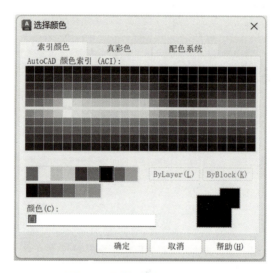

图 3.4 "选择颜色"对话框

3. 线型

根据制图相关规范，不同的线型表示不同的含义，需要结合图层使用情况为图层设置线型。

（1）设置图层线型。

单击图层对应的线型选项，弹出"选择线型"对话框。例如，选择图层所在行的 Continuous 选项，弹出"选择线型"对话框，如图 3.5 所示。对话框中显示已加载的线型，选择需要的线型，单击"确定"按钮完成设置。

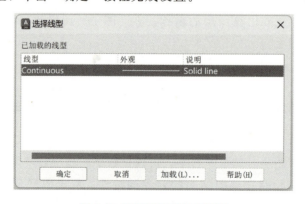

图 3.5 "选择线型"对话框

(2) 加载线型。

若"选择线型"对话框中的"已加载的线型"列表中没有需要的线型,则单击"加载"按钮,弹出"加载或重载线型"对话框,如图 3.6 所示,选择所需线型。

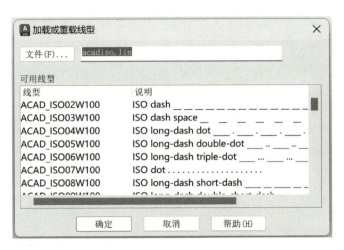

图 3.6 "加载或重载线型"对话框

(3) 设置线型比例。

调整线型比例有以下两种方式。

① 通过"线型管理器"对话框调整线型比例。

单击菜单栏"格式"→"线型"命令,弹出"线型管理器"对话框,如图 3.7 所示。

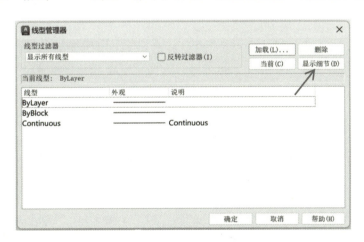

图 3.7 "线型管理器"对话框

首次弹出"线型管理器"对话框时,下方的"详细信息"栏处于关闭状态,只有单击"显示细节"按钮才能显示,如图 3.8 所示。

② 通过"特性"对话框调整线型比例。

选中需要调整线型比例的线型,单击"特性"面板中的右下角箭头,如图 3.9 所示,弹出"特性"对话框,如图 3.10 所示,可调整选中线型的比例。

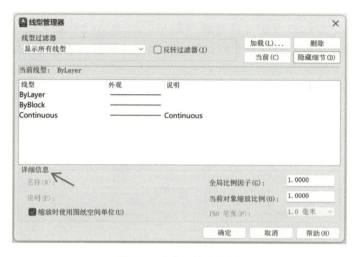

图 3.8 "详细信息"栏

图 3.9 "特性"面板中的右下角箭头　　　图 3.10 "特性"对话框

4. 线宽

单击图层所在行的"默认"选项,弹出"线宽"对话框,如图 3.11 所示,选择所需线宽并单击"确定"按钮。默认线宽为 0.25mm。

单击菜单栏"格式"→"线宽"命令,弹出"线宽设置"对话框,如图 3.12 所示。

只有图层线宽≥0.30mm 且勾选"线宽设置"对话框中的"显示线宽"复选框时,才能在绘图区看到该图层的图形线宽效果;否则,在绘图区看到的图形均为细线。

图层及绘图辅助功能 第3章

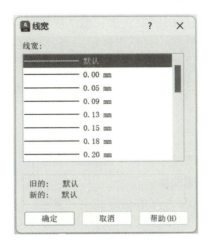

图 3.11 "线宽"对话框

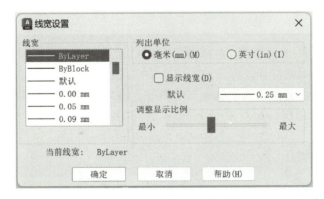

图 3.12 "线宽设置"对话框

3.1.3 图层的管理

单击"图层"面板（图 3.2）中的相应按钮，或者在"图层特性管理器"对话框（图 3.3）中实现图层的打开或关闭、冻结或解冻、锁定或解锁、修改图层颜色等。

1. 打开/关闭图层

单击"打开"对应的 图标，可以打开或关闭图层。

在打开状态下，灯泡的颜色为黄色，图层上的对象可以显示及在输出设备上打印，也可以编辑该图层上的图元；在关闭状态下，灯泡的颜色为青色，图层上的对象不显示，也不能在输出设备上打印。

2. 冻结/解冻图层

单击"冻结"对应的 图标，可以冻结或解冻图层。 图标表示解冻， 图标表示冻结。

在冻结状态下，图层上的图元不能显示，也不能在输出设备上打印。在解冻状态下，图层上的图元可以显示及在输出设备上打印，也可以编辑该图层上的对象。

43

"冻结"图层和"关闭"图层的区别在于：冻结图层时，图层中的图形数据不会生成；关闭图层时，会生成图层中的数据，只是不显示。当处理复杂图形文件时，可以冻结不用的图层，仅显示需要的图层，提高图形重生成的速度。

用户不能冻结当前图层，也不能将已经冻结的图层设为当前图层，但是可将锁定的图层设为当前图层。

3. 锁定/解锁图层

绘图时，经常需要将某些图元作为基准或底图，在绘图的过程中不希望这些图元被编辑，此时可以将图元所在的图层锁定。

单击"锁定"对应的 图标，可以锁定或解锁图层（锁打开面表示解锁，锁关闭画表示锁定）。

为了区分锁定的图层，可将锁定的图层内容淡显。单击"图层"面板右侧的黑色三角形，激活"锁定的图层淡入"控制条，可以调整锁定图层的淡显程度，如图3.2所示。

4. 快速管理图层

绘图时，还可以利用"图层"面板中的按钮启动快速管理图层功能，如图3.2所示。除可以实现图层的关闭或打开、冻结或解冻、锁定或解锁外，还可以对其进行隔离或取消隔离操作、将某个对象所在的图层设为当前图层、将某个对象置于其他图层上等。

【例3-1】 创建图层，如图3.13所示。

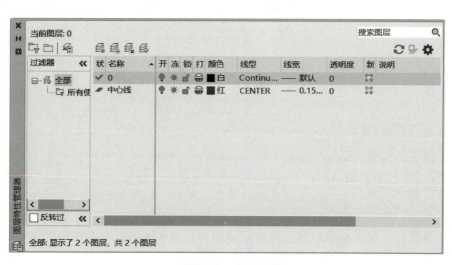

图3.13　创建图层

3.2　绘图辅助工具

为了精确绘图，状态栏提供了栅格、捕捉、正交、极轴追踪、对象捕捉等绘图辅助工具，如图3.14所示，单击绘图辅助工具的图标可以打开或关闭该工具，其中图标点亮并加框为打开状态。

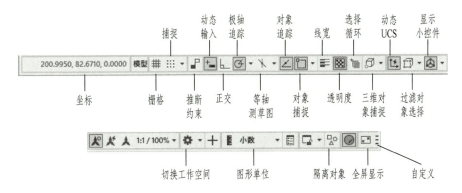

图 3.14 状态栏中的绘图辅助工具

3.2.1 栅格与捕捉

1. "栅格"与"捕捉"命令

栅格打开,绘图区栅格显示如图 3.15 所示。栅格可以直观地显示距离和对齐方式,但由于绘图时多数使用数据驱动,因此栅格只起辅助作用。

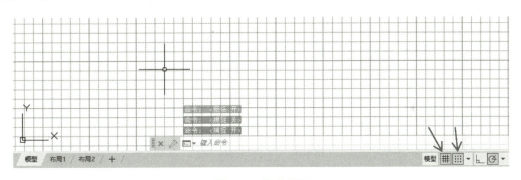

图 3.15 栅格显示

捕捉是指使用指定的捕捉间距限制光标移动,或追踪光标并沿极轴对齐路径指定增量。当捕捉功能打开时,光标仅出现在捕捉到的位置,移动光标时出现跳跃现象。

绘图时使用"栅格"与"捕捉"功能,可在一定程度上提高绘图效率。

2. "栅格"与"捕捉"命令的激活方式

(1) 在状态栏中单击"栅格"按钮 或"捕捉"按钮 ,可以打开或关闭栅格或捕捉。

(2) 按 F7 键可以打开或关闭栅格,按 F9 键可以打开或关闭捕捉。

在状态栏中单击"栅格"按钮或"捕捉"按钮,弹出"草图设置"对话框,选择"捕捉和栅格"选项卡,如图 3.16 所示,可以设置捕捉和栅格的相关参数。

一般情况下,栅格开关和捕捉模式开关应同时打开,并且使"草图设置"对话框中"捕捉和栅格"选项卡下"捕捉间距"栏和"栅格间距"栏中的数值相等。

图 3.16 "捕捉和栅格"选项卡

3.2.2 正交与极轴追踪

1. "正交"与"极轴追踪"命令

正交与极轴追踪主要用于控制绘图时光标移动的方向。正交控制光标只沿水平方向或垂直方向移动。极轴追踪控制光标沿由极轴增量角定义的极轴方向移动，常用来绘制指定角度的斜线。

2. "正交"与"极轴追踪"命令的激活方式

（1）在状态栏中单击"正交"按钮 或"极轴追踪"按钮 ，可以打开或关闭正交或极轴追踪。

（2）按 F8 键可以打开或关闭正交，按 F10 键可以打开或关闭极轴追踪。

不需要为正交功能设置参数，只需打开该功能即可。

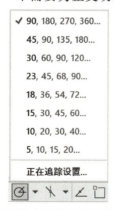

图 3.17 "正在追踪设置..."列表

启动极轴追踪功能后，绘制图形或编辑图形时，如果光标位于极轴上，则光标附近出现一条极轴追踪线、距离与角度提示信息。

在"极轴追踪"按钮上右击或者单击该按钮右侧的 按钮，弹出"正在追踪设置..."列表，如图 3.17 所示，可以选择所需极轴角。若该列表中没有所需极轴角，则选择"正在追踪设置..."选项，弹出"草图设置"对话框，选择"极轴追踪"选项卡（图3.18），在"增量角"编辑框中输入所需极轴角。

正交开关与极轴追踪开关是互斥的，打开其中一个开关时，另一个开关自动关闭。当然，也可同时关闭两个开关。

图 3.18 "极轴追踪"选项卡

3.2.3 对象捕捉

1. "对象捕捉"命令

可以利用对象捕捉使"十"字光标位于现有图形的某些特征点上。

2. "对象捕捉"命令的激活方式

在状态栏中单击"对象捕捉"按钮，可以打开或关闭对象捕捉。

在默认情况下，利用对象捕捉只能捕捉到对象的端点、圆心和交点。如果还需要捕捉对象的其他特征点，则可在"对象捕捉"按钮上右击或者单击该按钮右侧的按钮，弹出"对象捕捉设置..."列表，如图 3.19 所示，可以选择所需选项。选择"对象捕捉设置..."选项，弹出"草图设置"对话框，选择"对象捕捉"选项卡，如图 3.20 所示，通过勾选相应复选框来设置特殊点。

图 3.19 "对象捕捉设置..."列表

图 3.20 "对象捕捉"选项卡

【例 3-2】 对象捕捉端点，如图 3.21 所示。

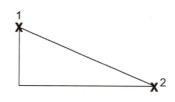

图 3.21 对象捕捉端点

3. 对象捕捉的方式

"对象捕捉"有以下两种方式。

（1）执行对象捕捉。

如果需要经常使用一个或多个对象捕捉，就可以启用"执行对象捕捉"，它将在所有后续命令中保留。例如，可以将"端点""中点"和"中心"设置为执行对象捕捉。

（2）指定对象捕捉。

仅需要捕捉特定对象时，可以通过以下方法实现：按住 Shift 键并右击，弹出"对象捕捉设置（O）..."列表，如图 3.22 所示。选择要捕捉的特殊点，将光标移动到对象上，可仅捕捉指定的特殊点。

图 3.22 "对象捕捉设置（O）..."菜单

执行对象捕捉和指定对象捕捉的区别在于：执行对象捕捉前，需要设置捕捉类型，并且打开对象捕捉命令。在绘图过程中，当命令行提示输入点时，移动光标到已有对象上，系统根据光标位置给出与光标最近的符合捕捉条件的特殊点，并显示标记和工具提示。如果捕捉到的不是需要的点，就将光标移动至更近位置或者按 Tab 键使光标出现在需要的位置。指定对象捕捉前，不需要设置捕捉类型，当命令行提示输入点时，直接按 Shift 键＋鼠标右键即可指定要捕捉的类型。指定对象捕捉仅执行一次，下次再捕捉时需再次指定，而且每次只能指定一种捕捉类型，不受其他捕捉类型的干扰。

3.2.4 对象捕捉追踪

对象捕捉追踪是指捕捉到对象上的特征点后，以该特征点为基点进行极轴追踪。

单击状态栏中的"对象捕捉追踪"按钮，可打开或关闭"对象捕捉追踪"。对象捕捉追踪模式取决于"草图设置"对话框"极轴追踪"选项卡下"对象捕捉追踪设置"栏中的设置。单击"仅正交追踪"单选按钮，只能在水平方向和垂直方向对捕捉到的特征点进行追踪；单击"用所有极轴角设置追踪"单选按钮，可以在所有极轴方向对捕捉到的特征点进行追踪。

对象追踪有单向追踪和双向追踪两种方式。单向追踪是指捕捉现有图形的某个特征点，并对其进行追踪；双向追踪是指同时捕捉现有图形的两个特征点，并分别对其进行追踪。

【例 3-3】 对象捕捉中点绘制线段，如图 3.23 所示。

图 3.23 对象捕捉中点绘制线段

例3-3

3.2.5 动态输入

单击状态栏中的"动态输入"按钮，可以进行动态输入。

启用动态输入功能后，在命令行输入的信息将出现在光标旁，按 Enter 键完成输入。当"动态输入"开关处于关闭状态时，光标附近不显示动态输入框，输入的信息只显示在命令行中。

3.3 视图显示

绘图时，经常需要调整视图范围，以查看绘制的图形。

3.3.1 视图缩放

视图缩放有以下三种方式。

（1）滚动鼠标滚轮缩放视图。

绘图时，滚动鼠标滚轮可以缩放视图。在默认状态下，向上滚动鼠标滚轮可以放大视图，向下滚动鼠标滚轮可以缩小视图。

(2) 双击鼠标滚轮缩放视图。

在绘图区双击鼠标滚轮，可显示绘制的所有图形。该方法执行的是"范围缩放"（Z→E）命令，使用该命令可以解决无法查看整个图形的问题。

(3) 命令：ZOOM。

指定窗口的角点，输入比例因子（nX 或 nXP）或者［全部（A）/中心（C）/动态（D）/范围（E）/上一个（P）/比例（S）/窗口（W）/对象（O）］＜实时＞。

3.3.2 视图平移

视图平移有以下两种方式。

(1) 命令：PAN。

当光标变为手形时，单击并移动光标可以移动视图。

(2) 按住鼠标滚轮并移动鼠标。

按住鼠标滚轮，光标变为手形，移动鼠标可以移动视图。

3.3.3 重画与重生成图形

使用"重画"（Redraw）命令，系统将在显示内存中更新屏幕，消除屏幕上由于绘图和编辑过程产生的临时标记。

使用"重生成"（Regen）命令，系统从磁盘中调用当前图形数据，重新生成全部图形并显示在屏幕上。使用"重生成"命令可以解决无法缩放视图或使用 Pan 命令无法移动的问题。

对当前视图进行缩放等操作时，系统会根据视图中的显示情况自动执行"重生成"命令，使视图处于最佳显示状态。

练 习 题

按表 3.1 要求设置图层，并将"粗实线"层设置为当前图层。

表 3.1 图层设置

层名	线型名	线条样式	颜色	线宽	用途
粗实线	Continuous	粗实线	蓝	0.5mm	可见轮廓线、可见过渡线
细点画线	Center	点画线	红	默认	对称中心线、轴线
细实线	Continuous	细实线	黄	默认	波浪线、剖面线等
尺寸线	Continuous	细实线	洋红	默认	尺寸线和尺寸界线
文字	Continuous	细实线	黑	默认	文字
细虚线	Hidden	虚线	绿	默认	不可见轮廓线、不可见过渡线
双点画线	Phantom	双点画线	黑	默认	假想线

第4章 二维图形的编辑

本章教学要点

知识要求	能力要求	相关知识
选择对象	掌握选择对象的方式	选择对象
删除对象	掌握删除对象的方式	删除对象
调整对象位置	掌握移动对象； 掌握旋转对象	移动对象； 旋转对象
利用已有对象创建新对象	掌握复制对象、镜像对象、阵列对象、偏移对象	复制对象、镜像对象、阵列对象、偏移对象
调整对象尺寸	掌握缩放对象、拉伸对象、拉长对象、延伸对象、修剪对象	缩放对象、拉伸对象、拉长对象、延伸对象、修剪对象
打断、分解与合并对象	掌握打断对象、打断于点、分解对象、合并对象	打断对象、打断于点、分解对象、合并对象
倒角和圆角	掌握倒角； 掌握圆角	倒角； 圆角
编辑多段线、多线和样条曲线	掌握编辑多段线、编辑多线、编辑样条曲线	编辑多段线、编辑多线、编辑样条曲线
对象特性编辑与特性匹配	掌握"特性"面板； 掌握特性匹配	"特性"面板； 特性匹配
夹点编辑	掌握夹点的设置； 掌握用夹点编辑对象	夹点的设置； 用夹点编辑对象

绘制复杂图形时，只使用绘图命令或绘图工具往往效率很低，借助图形编辑命令对已有图形进行移动、复制和删除等操作可提高绘图效率。编辑命令与绘图命令配合使用，可以绘制复杂图形，减少重复性工作。

4.1 选择对象

编辑图形的第一项任务是选择对象。可以通过单击选择对象，也可以通过窗口选择或窗交选择等方式选择对象。下面介绍6种常用的选择对象方式。

1. 点选择

点选择是选择对象的默认选择方式。用户用拾取框直接单击一个对象，被选中的对象将以虚线显示。如果需要选择多个对象，则可以不断单击需要选择的对象，在这个过程中命令行提示"选择对象:"重复出现，直到按Enter键确认选择为止。

2. 窗口选择

利用窗口选择可以选取完全包含到某区域中的所有对象，实现一次选择多个对象。采用该方式选择对象时，在要选择的多个对象的左上角或左下角单击，分别向右下角或右上角方向拖动鼠标至合适位置，系统将显示一个实线矩形框，矩形框内区域呈淡蓝色。当该实线矩形框内包含所有需要选择的对象时单击，即可选择所有对象。

3. 窗交选择

窗交选择与窗口选择类似，均利用一个矩形框选择对象。不同之处是窗交选择不仅选中矩形框内的对象，还选中与矩形框相交但未完全位于矩形框内的对象。采用该方式选择对象时，在要选择的多个对象的右上角或右下角单击，分别向左下角或左上角方向拖动鼠标，系统将显示一个虚线矩形框，矩形框内区域呈淡绿色。当该虚线矩形框将需要选择的对象包含或相交时单击，即可选择包围在虚线矩形框内的所有对象及与该虚线矩形框相交的对象。

4. 全部选择

全部选择适用于选择图形文件中的所有对象。在命令行"选择对象:"的提示下输入ALL，按Enter键或空格键即可选择所有对象。

注意：全部选择可以将位于关闭图层里的对象选中。

5. 栏选择

利用栏选择可以方便地在复杂图形中选择非相邻对象。栏选择采用多段折线，被多段折线穿过的对象均被选中。

在命令行"选择对象:"的提示下输入F，按Enter键或空格键，命令行提示如下。

指定第一个栏选点：

指定下一个栏选点或[放弃(U)]：

......

指定下一个栏远点或[放弃(U)]:(按Enter键或空格键结束)

6. 删除选择

利用删除选择可以从被选择的对象中清除对象。命令行提示"选择对象:"总是处于添加状态。在命令行"选择对象:"的提示下输入 R，按 Enter 键或空格键，命令行提示"删除对象"，此时可以用任意选择方法选择要清除的对象。

另外，按住 Shift 键，使用上述任一种方式选择对象，也可以从被选中的对象中删除对象，该对象由虚线显示变为正常状态。

【例 4-1】 选择对象，如图 4.1 所示。

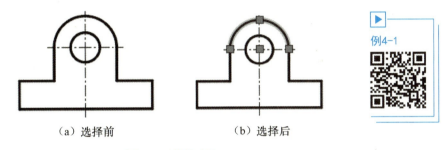

（a）选择前　　　　　　　（b）选择后

图 4.1　选择对象

4.2　删 除 对 象

在绘图过程中，使用"删除"命令可以方便地删除不需要的对象。

1. 激活"删除"命令的方式

（1）命令：ERASE 或 E。
（2）菜单栏：选择"编辑"→"删除"命令。
（3）菜单栏：选择"修改"→"删除"命令。
（4）面板：单击"默认"→"修改"→"删除"按钮 。

2. "删除"命令执行过程

选择需要删除的对象，然后在命令行"选择对象:"的提示下按 Enter 键或空格键结束选择，选中的对象被删除，命令终止。还可以先选择对象，再按 Delete 键删除对象，而无须激活"删除"命令。

4.3　调整对象位置

绘图时，对于不改变图形形状而只改变图形位置的对象，可以使用"移动"命令调整。有时还需要把图形旋转一个角度，可以使用"旋转"命令实现。

4.3.1 移动对象

移动对象是指将对象位置平移,且不改变对象的大小和方向。

1. 激活"移动"命令的方式

(1) 命令:MOVE 或 M。
(2) 菜单栏:选择"修改"→"移动"命令。
(3) 面板:单击"默认"→"修改"→"移动"按钮。

2. "移动"命令执行过程

第一步 选择对象(按 Enter 键或空格键结束选择)。
第二步 指定基点或[位移(D)]<位移>。
第三步 指定第二个点或<使用第一个点作为位移>。
注意:"指定基点"和"指定第二个点"时,可以通过输入点的坐标确定。

【例 4-2】 移动对象,如图 4.2 所示。

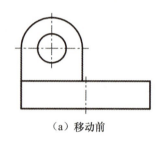
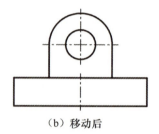

(a) 移动前   (b) 移动后

图 4.2 移动对象

4.3.2 旋转对象

用户可以通过选择一个基点和一个相对的旋转角或绝对的旋转角来旋转对象。如果用户指定一个相对角度,就将对象从当前方向绕基点旋转指定的相对角度。如果用户指定一个绝对角度,就将对象从当前角度绕基点旋转到指定的绝对角度。

1. 激活"旋转"命令的方式

(1) 命令:ROTATE 或 RO。
(2) 菜单栏:选择"修改"→"旋转"命令。
(3) 面板:单击"默认"→"修改"→"旋转"按钮。

2. "旋转"命令执行过程

第一步 选择对象(按 Enter 键或空格键结束选择)。

UCS 当前正角方向:ANGDIR= 逆时针 ANGBASE= 0

第二步 指定基点。
第三步 指定旋转角度或[复制(C)/参照(R)]<0>(输入旋转角度,按 Enter 键)。
注意:旋转角有正负之分,逆时针为正值,顺时针为负值。

其他选项的含义如下。

复制（C）：选择该选项，在旋转对象的同时保留原对象。

参照（R）：当用户不能直接确定对象的旋转角度，但知道旋转后的绝对角度时，可以采用参照旋转方式。

【例 4-3】 旋转对象，如图 4.3 所示。

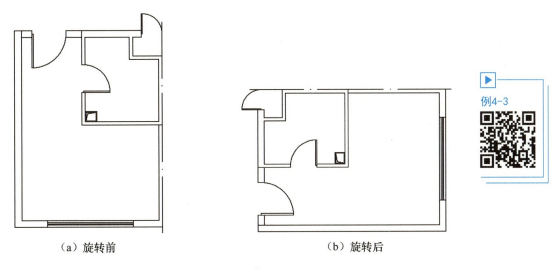

（a）旋转前　　　　　　　　　　　（b）旋转后

图 4.3　旋转对象

4.4　利用已有对象创建新对象

在绘图过程中，对于在图形中重复出现、形状相同、位置不同、对称排列或有序排列的对象，可以在图形中利用已有对象创建新对象。

4.4.1　复制对象

用户可在当前图形内一次复制或多次复制对象。使用"复制"命令，选择需要复制的对象并指定一个基点，然后根据相对基点的位置放置复制对象。

1. 激活"复制"命令的方式

（1）命令：COPY 或 CO。

（2）菜单栏：选择"修改"→"复制"命令。

（3）面板：单击"默认"→"修改"→"复制"按钮 。

2. "复制"命令执行过程

第一步　选择对象（按 Enter 键或空格键结束选择）。

第二步　指定基点或 ［位移（D）模式（O）］＜位移＞。

第三步　指定第二个点或 ［阵列（A）］＜使用第一个点作为位移＞。

第四步　指定第二个点或［阵列（A）/退出（E）/放弃（U）］＜退出＞（按 Enter 键或空格键结束命令）。

3. 利用剪贴板复制对象

当用户要使用另一个 AutoCAD 创建的对象时，可以先将选择的对象复制到剪贴板，再将其从剪贴板粘贴到图形中，具体操作方法如下。

（1）在 AutoCAD 图形文件中选择要复制的对象。

（2）单击"编辑"→"复制"按钮 或按 Ctrl＋C 组合键，将选中的对象复制到剪贴板中。

（3）打开另一个 AutoCAD 图形文件，单击"默认"→"剪贴板"→"粘贴"按钮 或按 Ctrl＋V 组合键，将剪贴板中的对象粘贴到图形中。

【例 4-4】　复制对象，如图 4.4 所示。

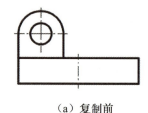
（a）复制前

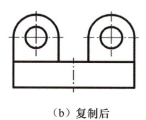
（b）复制后

图 4.4　复制对象

4.4.2　镜像对象

绘图时，经常会遇到一些对称图形，此时可以只绘制一半，然后使用"镜像"命令生成对称的另一半。可以指定两点来确定镜像线。进行镜像操作时，可以删除或者保留源对象。

1. 激活"镜像"命令的方式

（1）命令：MIRROR 或 MI。

（2）菜单栏：选择"修改"→"镜像"命令。

（3）面板：单击"默认"→"修改"→"镜像"按钮 。

2. "镜像"命令执行过程

第一步　选择对象（按 Enter 键或空格键结束选择）。

第二步　指定镜像线的第一点。

第三步　指定镜像线的第二点。

第四步　要删除源对象吗？［是（Y）/否（N）］＜否＞（不删除源对象，按 Enter 键或空格键接受默认选项）。

镜像文字时，为防止文字被反转或倒置，将系统变量 MIRRTEXT 设置为 0，不对文字进行镜像处理；若系统变量 MIRRTEXT 的默认值为 1，则文字与其他对象一起被镜像。

【例 4-5】 镜像对象，如图 4.5 所示。

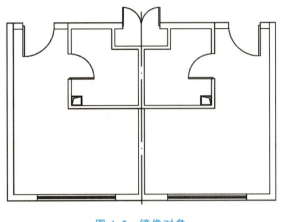

例4-5

图 4.5 镜像对象

4.4.3 阵列对象

要绘制按规律分布的相同图形，可以使用"阵列"命令复制对象。

1. 矩形阵列

矩形阵列是按照行列方阵的方式进行复制的，用户需要确定阵列的行数、列数以及行间距、列间距。

（1）激活"矩形阵列"命令的方式

① 命令：ARRAYRECT。

② 菜单栏：选择"修改"→"阵列"→"矩形阵列"命令。

③ 面板：单击"默认"→"修改"→"矩形阵列"按钮 。

（2）"矩形阵列"命令执行过程

第一步 选择对象（按 Enter 键或空格键结束选择）。

第二步 在"阵列创建"选项卡（图 4.6）下设置矩形阵列的相关参数。

图 4.6 "阵列创建"选项卡

第三步 关闭"阵列创建"选项卡。

注意：当输入的列间距为负值时，列从右向左阵列；当输入的行间距为负值时，行从上向下阵列。

2. 路径阵列

路径阵列是沿着一条路径均匀分布对象副本的一种阵列方式。

(1) 激活"路径阵列"命令的方式

① 命令：ARRAYPATH。

② 菜单栏：选择"修改"→"阵列"→"路径阵列"命令。

③ 面板：单击"默认"→"修改"→"路径阵列"按钮。

(2) "路径阵列"命令执行过程

第一步　选择对象（按 Enter 键或空格键结束选择）。

类型＝路径　关联＝是

第二步　选择路径曲线。

第三步　在"阵列创建"选项卡下设置路径阵列的相关参数。

第四步　关闭"阵列创建"选项卡。

3. 环形阵列

环形阵列是将对象按圆周等距复制，用户需要确定阵列的圆心及数目，以及阵列图形对应的圆心角。

(1) 激活"环形阵列"命令的方式

① 命令：ARRAYPOLAR。

② 菜单栏：选择"修改"→"阵列"→"环形阵列"命令。

③ 面板：单击"默认"→"修改"→"环形阵列"按钮。

(2) "环形阵列"命令执行过程

第一步　选择对象（按 Enter 键或空格键结束选择）。

类型＝极轴　关联＝是

第二步　指定阵列的中心点或［基点（B）/旋转轴（A）］。

第三步　在"阵列创建"选项卡下设置环形阵列的相关参数。

第四步　关闭"阵列创建"选项卡。

注意：若在"填充"文本框输入正角度，则按逆时针排列元素；反之，则按顺时针排列元素。

【例 4-6】　阵列对象，如图 4.7 所示。

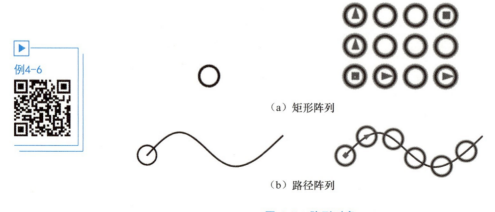

图 4.7　阵列对象

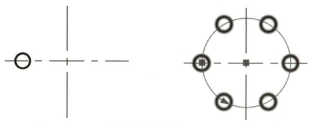

（c）环形阵列

图 4.7 阵列对象（续）

4.4.4 偏移对象

偏移对象的原理是按照指定距离创建与对象平行或同心的几何对象。用户可以偏移直线、圆、圆弧、二维多段线等。

1. 激活"偏移"命令的方式

（1）命令：OFFSET 或 O。

（2）菜单栏：选择"修改"→"偏移"命令。

（3）面板：单击"默认"→"修改"→"偏移"按钮 ⊂。

2."偏移"命令执行过程

当前设置：删除源＝否　图层＝源　OFFSETGAPTYPE＝0。

第一步　指定偏移距离或［通过（T）/删除（E）/图层（L）］＜通过＞。

第二步　选择要偏移的对象或［退出（E）/放弃（U）］＜退出＞。

第三步　指定要偏移一侧上的点或［退出（E）/多个（M）/放弃（U）］＜退出＞。

第四步　按 Enter 键或空格键结束命令。

其他选项的含义如下。

通过（T）：产生的新偏移对象通过拾取点。

删除（E）：偏移后，是否删除源对象。

图层（L）：偏移后，产生的新偏移对象位于当前图层还是与源对象在同一图层。

【例 4－7】　偏移对象，如图 4.8 所示。

图 4.8　偏移对象

例4-7

4.5 调整对象尺寸

在制图中，可以调整已有对象的尺寸。

4.5.1 缩放对象

使用"缩放"命令只能将长度、宽度方向以相同比例缩放对象，可以将选中对象以指定点为基点按比例缩放对象。比例缩放可以分为比例因子缩放和参照缩放两类。

1. 激活"缩放"命令的方式

（1）命令：SCALE 或 SC。
（2）菜单栏：选择"修改"→"缩放"命令。
（3）面板：单击"默认"→"修改"→"缩放"按钮 ￼。

2. "缩放"对象命令执行过程

（1）比例因子缩放。
第一步　选择对象（按 Enter 键或空格键结束选择）。
第二步　指定基点。
第三步　指定比例因子或［复制（C）/参照（R）］＜1.0000＞（若先选择选项 C 再输入比例因子，则源对象保留）。
第四步　按 Enter 键或空格键结束命令。

（2）参照缩放。
当用户不能直接确定缩放比例，但知道缩放后对象的尺寸时，可以使用参照缩放。缩放后的对象尺寸与原尺寸之比就是缩放比例因子。
第一步　选择对象（按 Enter 键或空格键结束选择）。
第二步　指定基点。
第三步　指定比例因子或［复制（C）/参照（R）］＜1.0000＞（输入 R 后按 Enter 键或空格键执行参照缩放）。
第四步　指定参照长度＜1.0000＞（捕捉某直线段的两个端点，该两端点之间的长度就是参照长度）。
第五步　指定新长度或［点（P）］＜1.0000＞（输入该直线段缩放后的新长度）。
第六步　按 Enter 键或空格键结束命令。

【例 4-8】　缩放对象，如图 4.9 所示。

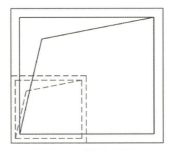

图 4.9　缩放对象

4.5.2 拉伸对象

拉伸对象时，必须使用交叉窗口或交叉多边形选择对象。与窗口的相对位置不同，图形对象发生不同的变化：全部位于窗口内的对象会移动，与窗口边界相交的对象会被拉长或缩短，其他未选择的对象不会受影响。

1. 激活"拉伸"命令的方式

（1）命令：STRETCH 或 S。

（2）菜单栏：选择"修改"→"拉伸"命令。

（3）面板：单击"默认"→"修改"→"拉伸"按钮。

2. "拉伸"命令执行过程

使用"拉伸"命令时，以交叉窗口或交叉多边形选择要拉伸的对象。

第一步 选择对象（用交叉窗口选择要拉伸的对象，将需改变长度的对象与窗口边界相交；不需要改变长度而只改变位置的对象完全位于窗口内）。

第二步 选择对象（按 Enter 键或空格键结束选择）。

第三步 指定基点或［位移（D）］＜位移＞。

第四步 指定第二个点或＜使用第一个点作为位移＞。

第五步 按 Enter 键或空格键结束命令。

【例 4-9】 拉伸对象，如图 4.10 所示。

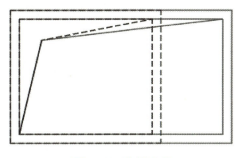 

图 4.10 拉伸对象

4.5.3 拉长对象

拉长对象的原理是修改直线的长度和圆弧的圆心角。

1. 激活"拉长"命令的方式

（1）命令：LENGTHEN 或 LEN。

（2）菜单栏：选择"修改"→"拉长"命令。

（3）面板：单击"默认"→"修改"→"拉长"按钮。

2. "拉长"命令执行过程

第一步 选择要测量的对象或［增量（DE）/百分比（P）/总计（T）/动态（DY）］＜总计（T）＞。

第二步　当前长度。

第三步　选择要测量的对象或［增量（DE）/百分比（P）/总计（T）/动态（DY）］＜总计（T）＞。

第四步　输入长度增量或［角度（A）］＜20.0000＞。

第五步　选择要修改的对象或［放弃（U）］（此提示一直重复）。

第六步　按 Enter 键或空格键结束命令。

其他选项的含义如下。

增量（DE）：以增量方式修改直线或弧的长度。当长度增量为正值时拉长，当长度增量为负值时缩短。

百分比（P）：以相对于原长度的百分比修改直线或圆弧的长度。

总计（T）：以给定直线的新总长度或圆弧的新圆心角来改变图形的尺寸。

动态（DY）：允许动态改变圆弧或直线的长度。

角度（A）：通过指定圆弧的圆心角增量来修改圆弧的长度。

【例 4-10】　拉长对象，如图 4.11 所示。

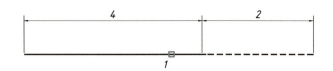

图 4.11　拉长对象

4.5.4　延伸对象

延伸的原理是以用户指定的对象为边界，延伸某对象与之精确相交。

1. 激活"延伸"命令的方式

（1）命令：EXTEND 或 EX。

（2）菜单栏：选择"修改"→"延伸"命令。

（3）面板：单击"默认"→"修改"→"延伸"按钮 →｜。

2. "延伸"命令的执行过程

当前设置：投影＝UCS，边＝无，模式＝标准。

第一步　选择边界的边。

第二步　选择对象或［模式（O）］＜全部选择＞（选择延伸对象的边界。若直接按 Enter 键或空格键，则选中全部对象作为延伸边界）。

第三步　选择对象（按 Enter 键或空格键结束边界选择）。

第四步　选择要延伸的对象，或按住 Shift 键选择要修剪的对象，或［边界边（B）/栏选（F）/窗交（C）/模式（O）/投影（P）/边（E）/放弃（U）］。

第五步　选择要延伸的对象，或按住 Shift 键选择要修剪的对象，或［边界边（B）/栏选（F）/窗交（C）/模式（O）/投影（P）/边（E）/放弃（U）］。

第六步　按Enter键或空格键结束命令。

注意：①命令行出现"选择要延伸的对象，或按住Shift键选择要延伸的对象，或［边界边（B）/栏选（F）/窗交（C）/模式（O）/投影（P）/边（E）/放弃（U）］："提示时，可以直接选择延伸对象或按住Shift键切换到修剪方式或设置选项；②选项中的"边（E）"包括"延伸"和"不延伸"。

【例4-11】　延伸对象，如图4.12所示。

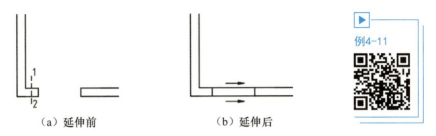

（a）延伸前　　　　　　（b）延伸后

图4.12　延伸对象

4.5.5　修剪对象

修剪的原理是以用户指定的对象为剪切边，保留线段剪切边的一侧，去掉线段剪切边的另一侧。修剪对象的用法与延伸对象类似。

1. 激活"修剪"命令的方式

（1）命令：TRIM或TR。

（2）菜单栏：选择"修改"→"修剪"命令。

（3）面板：单击"默认"→"修改"→"修剪"按钮 。

2. "修剪"命令的执行过程

当前设置：投影＝UCS，边＝无，模式＝标准。

第一步　选择剪切边。

第二步　选择对象或［模式（O）］＜全部选择＞（选择修剪对象的边界）。

第三步　选择对象（按Enter键或空格键结束边界选择）。

第四步　选择要修剪的对象，或按住Shift键选择要延伸的对象，或［剪切边（T）/栏选（F）/窗交（C）/［模式（O）］/投影（P）/边（E）/删除（R）］。

第五步　选择要修剪的对象，或按住Shift键选择要延伸的对象，或［剪切边（T）/栏选（F）/窗交（C）/［模式（O）］/投影（P）/边（E）/删除（R）/放弃（U）］。

第六步　按Enter键或空格键结束命令。

注意：①命令行出现"选择要修剪的对象，或按住Shift键选择要延伸的对象，或［剪切边（T）/栏选（F）/窗交（C）/模式（O）/投影（P）/删除（R）/放弃（U）］："提示时，可以直接选择修剪对象或按住Shift键切换到延伸方式或设置选项。②选项中的"边（E）"包括"延伸"和"不延伸"。

【例 4-12】 修剪对象，如图 4.13 所示。

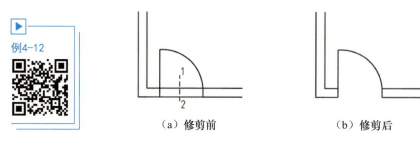

（a）修剪前　　　　　　　　（b）修剪后

图 4.13　修剪对象

4.6　打断、分解与合并对象

4.6.1　打断对象

可以使用"打断"命令去掉对象中的一段。可以进行打断操作的对象有直线、圆、圆弧、多段线、椭圆、样条曲线等。

1. 激活"打断"命令的方式

（1）命令：BREAK 或 BR。
（2）菜单栏：选择"修改"→"打断"命令。
（3）面板：单击"默认"→"修改"→"打断"按钮 凸。

2. "打断"命令的执行过程

第一步　选择对象（选择打断对象，在默认条件下选择对象的点 1 为第一个断点）。
第二步　指定第二个断点或［第一点（F）］（指定点 2 为第二个断点。若选择对象时的点不是第一个断点，则可输入 F 重新指定第一个断点）。

注意：①若第一个断点与第二个断点重合，则对象从该点一分为二，该命令的执行结果等同于"打断于点"命令。②在封闭的对象上进行打断时，按逆时针方向去掉从用户指定的第一个断点到用户指定的第二个断点。③使用"打断"命令可以进行修剪、缩短操作，指定第一个断点后，指定第二个断点在该对象端点以外，即可将对象第一个断点一侧删除。

【例 4-13】 打断对象，如图 4.14 所示。

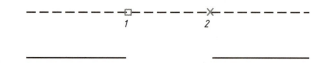

图 4.14　打断对象

4.6.2 打断于点

打断于点的原理是在对象上指定一点，从而在此点把对象拆分成两段。打断于点与打断的用法类似。

1. 激活"打断于点"命令的方式

（1）命令：BREAKPOINT。

（2）面板：单击"默认"→"修改"→"打断于点"按钮 ⌐。

2. "打断于点"命令执行过程

第一步　选择对象。

第二步　指定打断点。

注意：打断后的图形与打断前的图形在外观上没有区别，但可以将其选中后，通过夹点辨认。

【例 4-14】　打断于点，如图 4.15 所示。

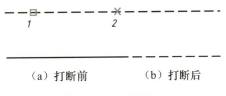

例4-14

图 4.15　打断于点

4.6.3 分解对象

分解对象的原理是把一个复杂的对象或用户定义的图块分解成简单的对象。

1. 激活"分解"命令的方式

（1）命令：EXPLODE 或 X。

（2）菜单栏：选择"修改"→"分解"命令。

（3）面板：单击"默认"→"修改"→"分解"按钮 ⌐。

2. "分解"命令执行过程

第一步　选择对象（系统将继续提示该行信息，可继续选择下一个分解对象）。

第二步　按 Enter 键或空格键结束命令。

3. 说明

选择分解的对象不同，分解的结果也不同。

（1）块。

对块进行分解时，如果块中含有多段线或嵌套块，则先从该块中把多段线或嵌套块分解出来，再把它们分解成单个对象。分解带有属性的块时，所有属性都恢复到组合之前的状态，显示为属性标记。

(2) 多段线。

将具有宽度值的多段线分解后，其宽度值变为 0。

(3) 多行文本。

对多行文本进行分解时，将其分解成单行文本实体。

注意：使用"分解"命令时没有逆向操作，特别是图案填充、尺寸标注和三维实体要慎用该命令。

【例 4-15】 分解对象，如图 4.16 所示。

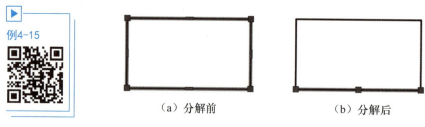

（a）分解前　　　　　　　　（b）分解后

图 4.16　分解对象

4.6.4　合并对象

合并对象的原理是将同类多个对象合并成一个对象。可以合并的对象有直线、多段线、圆弧、椭圆弧、样条曲线等。

1. 激活"合并"命令的方式

(1) 命令：JOIN 或 J。

(2) 菜单栏：选择"修改"→"合并"命令。

(3) 面板：单击"默认"→"修改"→"合并"按钮 。

2. "合并"命令执行过程

第一步　选择源对象或要一次合并的多个对象。

第二步　选择要合并的对象。

第三步　按 Enter 键或空格键结束命令。

【例 4-16】 合并对象，如图 4.17 所示。

图 4.17　合并对象

4.7 倒角和圆角

绘图时，往往需要对图形做倒角和圆角处理。

4.7.1 倒角

倒角的原理是使两条不平行的直线以斜角相连。可以进行倒角的对象有直线、多段线、构造线和射线等。

1. 激活"倒角"命令的方式

(1) 命令：CHAMFER 或 CHA。
(2) 菜单栏：选择"修改"→"倒角"命令。
(3) 面板：单击"默认"→"修改"→"倒角"按钮 ⌐。

2. "倒角"命令执行过程

（"修剪"模式）当前倒角距离 1＝0.0000，距离 2＝0.0000。

第一步　选择第一条直线或［放弃（U）/多段线（P）/距离（D）/角度（A）/修剪（T）/方式（E）/多个（M）］（输入 D 后按 Enter 键或空格键，设置倒角距离。若输入 A 后按 Enter 键或空格键，则可设置倒角长度和角度）。

第二步　指定第一个倒角距离＜0.0000＞（输入 x，按 Enter 键或空格键）。

第三步　指定第二个倒角距离＜x.0000＞（输入 y，按 Enter 键或空格键）。

第四步　选择第一条直线或［放弃（U）/多段线（P）/距离（D）/角度（A）/修剪（T）/方式（E）/多个（M）］。

第五步　选择第二条直线，或按住 Shift 键选择直线以应用角点，或［距离（D）/角度（A）/方法（M）］。

其他选项的含义如下。

多段线（P）：可在多段线的拐角处添加倒角。

距离（D）：指定第一个和第二个倒角距离，即倒角至选定边端点的距离。

角度（A）：确定第一个选定边的倒角长度和角度。

修剪（T）：设置是否将选定的边修剪或延伸到倒角斜线的端点。

方式（E）：可在"距离"和"角度"两个选项中选择一种倒角方式。

多个（M）：可依次对多组图形进行倒角，而不必重新启动命令。

【例 4-17】 倒角，如图 4.18 所示。

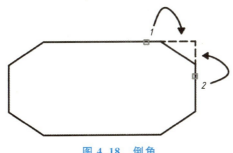

图 4.18　倒角

4.7.2 圆角

圆角的原理是通过用户指定半径的圆弧来光滑地连接两个对象。可以进行圆角的对象有直线、圆、圆弧、椭圆、多段线的直线段、样条曲线、构造线和射线，并且当直线、构造线和射线平行时，也可进行圆角，此时连接圆弧成半圆。

圆角半径是连接两个对象的圆弧的半径。在默认情况下，圆角半径为 0 或上一次指定的半径。修改半径只对以后的圆角有效，而对之前的圆角无效。

1. 激活"圆角"命令的方式

（1）命令：FILLET 或 F。

（2）菜单栏：选择"修改"→"圆角"命令。

（3）面板：单击"默认"→"修改"→"圆角"按钮 。

2. "圆角"命令的执行过程

当前设置：模式＝修剪，半径＝0.0000。

第一步　选择第一个对象或［放弃（U）/多段线（P）/半径（R）/修剪（T）/多个（M）］。

第二步　指定圆角半径＜0.0000＞（输入 x，按 Enter 键或空格键）。

第三步　选择第一个对象或［放弃（U）/多段线（P）/半径（R）/修剪（T）/多个（M）］。

第四步　选择第二个对象，或按住 Shift 键选择对象以应用角点或［半径（R）］。

其他选项的含义如下。

多段线（P）：按设定的圆角半径对整个多段线的各段一次性圆角。

修剪（T）：在圆角过程中设置是否自动修剪原对象。在默认条件下，除了圆、椭圆、闭合多段线和样条曲线，其他对象在圆角时都可以被修剪。可以用此选项指定对象在圆角时不被修剪。

多个（M）：在一次圆角命令执行中作出多个圆角，而不退出"圆角"命令。

3. 对两平行直线作圆角

可以对两平行直线（构造线和射线）作圆角，但不能对两平行多段线作圆角。两平行直线圆角的半径由系统自动计算，用户无须指定。

【例 4－18】　圆角，如图 4.19 所示。

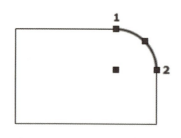

图 4.19　圆角

4.8 编辑多段线、多线和样条曲线

4.8.1 编辑多段线

用户在编辑多段线时可以使其闭合或者打开，可以移动、增加和删除多段线的顶点，也可以在两个顶点之间拉直多段线，还可以为整个多段线设置统一的宽度或控制每个线段的宽度，以及由多段线创建样条曲线。

1. 激活"编辑多段线"命令的方式

（1）命令：PEDIT 或 PE。
（2）菜单栏：选择"修改"→"对象"→"多段线"命令。
（3）面板：单击"默认"→"修改"→"多段线"按钮 。

2. "编辑多段线"命令执行过程

第一步 选择多段线或［多条（M）］。
第二步 输入选项［闭合（C）/合并（J）/宽度（W）/编辑顶点（E）/拟合（F）/样条曲线（S）/非曲线化（D）/线型生成（L）/反转（R）/放弃（U）］（输入相应选项的符号修改）。
第三步 按 Enter 键或空格键结束命令。

其他选项的含义如下。

闭合（C）或打开（O）：创建闭合或打开的多段线。如果选择的多段线是闭合的，则此选项为"打开"。

合并（J）：当一条直线、圆弧或多段线和一条开放的多段线首尾相连时，把它们连接起来构成非闭合的多段线。

宽度（W）：为选定的多段线指定新的单一宽度。

编辑顶点（E）：可在选定的顶点处进行移动、拉直、插入和打断等操作。

拟合（F）：使用圆弧拟合选定的多段线，该曲线通过多段线各顶点。

样条曲线（S）选项：将选定的多段线拟合为样条曲线，该曲线不通过多段线各顶点。

非曲线化（D）：用直线代替选定的多段线中的圆弧；也可以删除由拟合曲线或样条曲线插入的其他顶点，并拉直所有多段线线段。

线型生成（L）：生成经过多段线顶点的连续线型。

反转（R）：反转多段线。

【例 4-19】 编辑多段线，如图 4.20 所示。

(a) 编辑前　　　　　　　　　　　　(b) 编辑后

图 4.20 编辑多段线

4.8.2 编辑多线

使用"多线"命令可以控制多线之间的相交方式,增加或删除多线的顶点以及控制多线的打断接合。

1. 激活"编辑多线"命令的方式

(1) 命令:MLEDIT。

(2) 面板:单击"修改"→"对象"→"多线"按钮 。

2. "编辑多线"命令执行过程

激活"编辑多线"命令后,弹出"多线编辑工具"对话框,如图 4.21 所示,单击其中的工具按钮即可编辑多线。

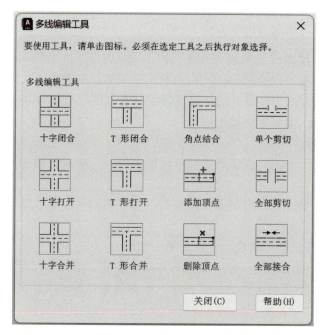

图 4.21 "多线编辑工具"对话框

图 4.21 中的工具按钮功能如下。

(1) 形成两条多线的十字形交点(有 3 种结果)。

十字闭合:系统提示用户选择第一条和第二条多线,第二条多线不变,第一条多线在交点处断开,该交点为第一条多线与第二条多线外层元素相交的交点。

十字打开:系统提示用户选择第一条和第二条多线,第一条多线的所有元素在交点处都断开,第二条多线只有外层元素断开。

十字合并:系统提示用户选择第一条和第二条多线,两条多线的外层元素断开、内层元素不受影响。

(2) 形成两条多线的 T 字形交点(有 3 种结果)。

T 形闭合:系统提示用户选择第一条和第二条多线,系统修剪第一条多线,在交点处剪去距捕捉点较远的一段，第二条多线不变。

T形打开：系统提示用户选择第一条和第二条多线，系统修剪第一条多线，在交点处剪去距捕捉点较远的一段，并断开第二条多线相应侧的外层元素。

T形合并：系统提示用户选择第一条和第二条多线，系统修剪第一条多线，在交点处剪去距捕捉点较远的一段多线的外层元素，并且断开第二条多线相应侧的外层元素，两条多线的次外层元素重复以上过程，直至最内层元素。

（3）编辑多线的顶点（有3种结果）。

角点结合：系统提示用户选择第一条和第二条多线，两条多线形成角形交线。

添加顶点：系统提示用户选择一条多线，并在捕捉处为多线增加一个顶点。

删除顶点：系统提示用户选择一条多线，并删除该多线距捕捉点最近的顶点，直接连接该顶点两侧的顶点。

（4）对多线中的元素进行修剪或延伸（有3种结果）。

单个剪切：系统提示用户选择一条多线，并以捕捉点为第一点，提示用户输入第二点，剪切一个元素两点间的部分。

全部剪切：系统提示用户选择一条多线，并以捕捉点为第一点，提示用户输入第二点，剪切多线两点间的部分。

全部接合：系统提示用户选择一条多线，并以捕捉点为第一点，提示用户输入第二点，重新连接多线两点间被剪切的部分。

4.8.3 编辑样条曲线

使用"编辑样条曲线"命令可以删除样条曲线的拟合点、增加拟合点以提高精度、移动拟合点以改变样条曲线的形状，还可以闭合或打开样条曲线、编辑样条曲线的起始点和终点的切线方向等。

1. 激活"编辑样条曲线"命令的方式

（1）命令：SPLINEDIT。

（2）菜单栏：选择"修改"→"对象"→"样条曲线"命令。

（3）面板：单击"默认"→"修改"→"样条曲线"按钮。

2. "编辑样条曲线"命令执行过程

第一步　选择样条曲线。

第二步　输入选项［闭合（C）/合并（J）/拟合数据（F）/编辑顶点（E）/转换为多段线（P）/反转（R）/放弃（U）/退出（X）］＜退出＞（输入C，按Enter键或空格键）。

第三步　输入选项［打开（O）/拟合数据（F）/编辑顶点（E）/转换为多段线（P）/反转（R）/放弃（U）/退出（X）］＜退出＞。

第四步　按Enter键或空格键结束命令。

其他选项的含义如下。

闭合（C）或打开（O）：将选定的样条曲线闭合。如果选择的样条曲线是闭合的，则此选项为打开。

合并（J）：将选定的样条曲线与其他样条曲线、直线、多段线、圆弧在重合端点处合并，以形成一个较大的样条曲线。使用"扭折"命令将对象在连接点处连接。

拟合数据（F）：编辑选中样条曲线的拟合数据。

反转（R）：使样条曲线反转，但不删除拟合数据。

扭折（K）：在样条曲线上的指定位置添加节点和拟合点，且不保持在该点的相切或曲率连续性。

移动（M）：可以重新定位样条曲线的控制点。

【例 4-20】 编辑样条曲线，如图 4.22 所示。

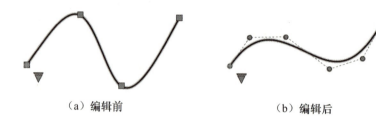

图 4.22　编辑样条曲线

4.9　对象特性编辑与特性匹配

对象特性是指图形对象具有的某些反映特征的属性。有些特性属于基本特性，适用于多数对象，如图层、颜色、线型、线宽和打印样式；有些特性专用于某类对象，如圆的特性包括半径和面积、直线的特性包括长度和角度等。

要想改变已有对象的特性，系统提供了方便的修改方法，通常可以使用"特性"面板、"特性匹配"工具。

4.9.1　"特性"面板

用户可以在"特性"面板中查看或修改对象的特性。

1. 激活"特性"命令的方式

（1）命令：PROPERTIES。

（2）菜单栏：选择"修改"→"特性"命令。

（3）面板：单击"默认"→"特性"→右下角图标 ↘ 。

（4）面板：单击"视图"→"选项板"→"特性"按钮。

（5）选中要修改的对象，在绘图区右击，在弹出的快捷菜单中选择"特性"命令。

2. "特性"命令执行过程

当用户选择一个对象时，在"特性"面板（图 4.23）中显示该对象的所有特性，并可以方便地设置对象特性。

4.9.2 特性匹配

用户可以通过"特性匹配"命令将一个对象的部分或全部特性复制到另一个或多个对象上。可以复制对象特性的有图层、颜色、线型、线宽、线型比例、厚度和打印样式等。使用特性匹配可以使图形规范，而且操作简便，类似于 Word 等软件中的格式刷。

1. 激活"特性匹配"命令的方式

(1) 命令：MATCHPROP 或 MA。
(2) 菜单栏：选择"修改"→"特性匹配"命令。
(3) 面板：单击"默认"→"特性匹配"按钮。

2. "特性匹配"命令执行过程

第一步　选择源对象。
第二步　选择目标对象或 [设置 (S)]。
第三步　按 Enter 键或空格键结束命令。

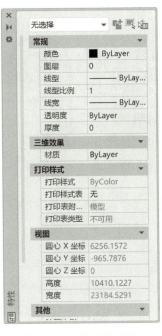

图 4.23 "特性"面板

在默认情况下，所有可应用的特性都自动从选定的源对象复制到其他对象上，如果用户不希望复制源对象的某些特性，则可以在命令行提示"选择目标对象或 [设置 (S)]:"时输入 S，弹出"特性设置"对话框，如图 4.24 所示，可以设置想要匹配的特性、删除不想复制的特性。

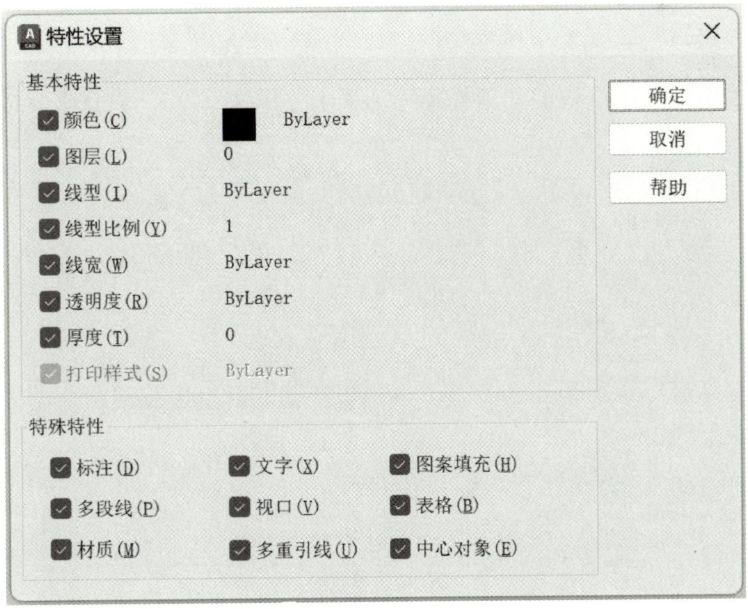

图 4.24 "特性设置"对话框

73

【例 4-21】 特性匹配，如图 4.25 所示。

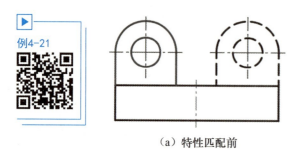

（a）特性匹配前

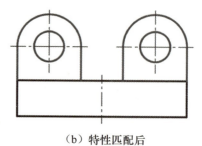

（b）特性匹配后

图 4.25 特性匹配

4.10 夹 点 编 辑

在未启动任何命令时选取对象，对象上有蓝色小方框高亮显示，这些位于对象关键点的小方框即夹点。使用夹点可以将命令和对象选择结合起来，提高编辑速度。拖动夹点可以直接、快速地执行拉伸、移动、旋转、缩放、镜像等操作。夹点的位置视对象的类型而定，直线的夹点为端点与中点；圆的夹点为四分点与圆心；弧的夹点为端点、中点与圆心。

夹点有热夹点与冷夹点两种状态。热夹点是指被激活用来操作的点，被选中的对象会显示所有夹点，单击其中一个夹点，该夹点高亮度显示，即热夹点。冷夹点为未被激活待操作的点。

4.10.1 夹点的设置

一般在"选项"对话框中的"选择集"选项卡（图 4.26）下设置夹点的功能。

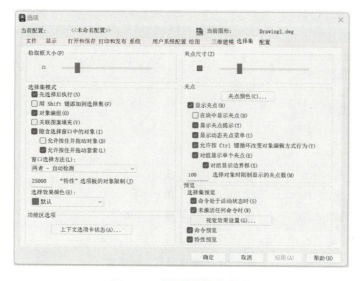

图 4.26 "选择集"选项卡

在"夹点尺寸"和"夹点"栏中设置有关夹点功能。"夹点尺寸"栏用来设置夹点大小,可通过拖动调节杆上的滑块设置。"夹点"用来设置夹点的显示方式,勾选"显示夹点"复选框表明用户选择对象时会出现夹点,否则不出现夹点。

4.10.2 用夹点编辑对象

当被选择的对象处于热夹点状态时,可以对其进行拉伸、移动、旋转、缩放、镜像等操作。例如,拉伸时命令行提示"指定拉伸点或[基点(B)/复制(C)/放弃(U)/退出(X)]:",直接按 Enter 键或空格键可以依次显示上述五项功能,也可直接输入命令的前两个字母[如 ST(拉伸)、MO(移动)、RO(旋转)、SC(缩放)、MI(镜像)]进行操作,还可以右击并在弹出的快捷菜单中选取所需命令。

【例 4-22】 用夹点编辑对象,如图 4.27 所示。

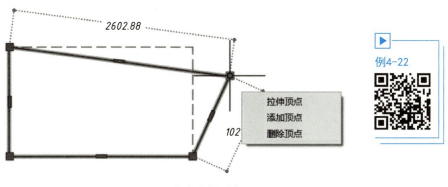

图 4.27 用夹点编辑对象

练 习 题

按照尺寸要求绘制图 4.28。

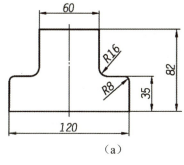

(a)

图 4.28 零件图

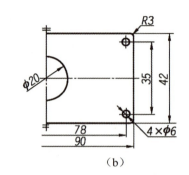

（b）

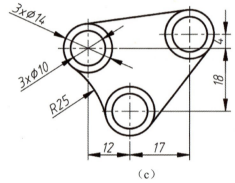

（c）

图 4.28　零件图（续）

第 5 章
文字与表格

本章教学要点

知识要求	能力要求	相关知识
AutoCAD 中可以使用的字体	了解形字体； 了解 TrueType 字体	形字体； TrueType 字体
定义文字样式	熟悉"文字样式"对话框； 熟悉定义长仿宋文字； 熟悉定义形字体文字	"文字样式"对话框； 定义长仿宋文字； 定义形字体文字
文字输入	掌握单行文字输入； 掌握多行文字输入； 熟悉特殊字符输入	单行文字输入； 多行文字输入； 特殊字符输入
文字编辑	掌握编辑单行文字； 掌握编辑多行文字	编辑单行文字； 编辑多行文字
创建表格	熟悉创建表格样式； 熟悉插入表格； 熟悉编辑表格	创建表格样式； 插入表格； 编辑表格

AutoCAD 的文字是一种图形实体,标注文字的方法有单行文字和多行文字两种。可以为文字选择不同的样式以满足使用要求,也可以修改已经标注的文字。AutoCAD 有表格工具,用户可以在系统环境中创建和修改表格。

5.1 AutoCAD 中可以使用的字体

AutoCAD 可以使用两种文字,即形字体(SHX)和 TrueType 字体。

5.1.1 形字体

形字体字形简单、占用计算机资源少,后缀是 .shx。AutoCAD 提供两种形字体:常规形字体和大字体。常规形字体主要用于西文字体。大字体是为了支持亚洲某些国家的非 ASCII 字符而设置的特殊类型的形字体。符合我国制图标准的字体包括两种西文字体,即 gbenor.shx 和 gbeitc.shx,前者是直体,后者是斜体;一种简体中文字体的大字体,即 gbcbig.shx。直体西文字体、斜体西文字体和中文字体如图 5.1 所示。

1234567890abcdefgABCDEFG
(a) 直体西文字体

1234567890abcdefgABCDEFG
(b) 斜体西文字体

简体中文字体
(c) 中文字体

图 5.1 直体西文字体、斜体西文字体和中文字体

5.1.2 TrueType 字体

在 Windows 操作环境下,AutoCAD 可以直接使用 Windows 操作系统提供的 TrueType 字体,如宋体、黑体、楷体、仿宋体等。TrueType 字体字形美观,但是占用计算机资源较多,计算机硬件配置较低时不宜使用。TrueType 字体如图 5.2 所示。

宋体字12345abcdABCD
仿宋字12345abcdABCD
楷体字12345abcdABCD

图 5.2 TrueType 字体

5.2 定义文字样式

文字样式是文字设置的集合，包括字体文件、字体大小、宽度因子、倾斜角度、方向、书写效果等内容。AutoCAD 有默认的文字样式。当用户在 AutoCAD 中输入文字时，系统自动将输入的文字与当前文字样式关联。如果要使用其他文字样式，则可定义新的文字样式，并且将所要使用的文字样式设置为当前样式。

激活"文字样式"命令的方式有如下 4 种。

(1) 命令：STYLE 或 ST。

(2) 菜单栏：选择"格式"→"文字样式"命令。

(3) 面板：单击"默认"→"注释"→"文字样式"按钮 A。

(4) 面板：单击"注释"→"文字"右侧按钮 。

5.2.1 "文字样式"对话框

激活"文字样式"命令后，弹出"文字样式"对话框，如图 5.3 所示。

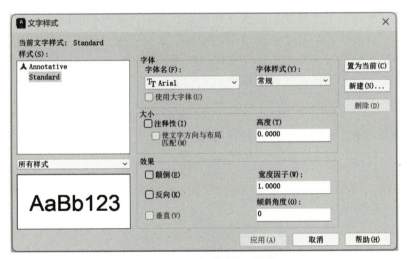

图 5.3 "文字样式"对话框

1. "样式"列表框

"样式"列表框列出了当前图形文件中的文字样式。用户可以在该列表框中选中一种文字样式，单击"置为当前""删除"等按钮，将选中的文字样式置为当前状态或删除；也可以右击一种文字样式（图 5.4），在弹出的快捷菜单中选择"置为当前""重命名"或"删除"命令完成相应操作。

一张新图的默认文字样式名为 Annotative 和 Standard，这两种样式的默认字体都为 Arial.shx。如果想要使用其他字体，则可以创建新的文字样式来设置字体特征，从而在同一个图形文件中使用多种字体。

不能删除 Standard 样式，也不能删除正在使用的文字样式和当前文字样式。

图 5.4　右击文字样式

2. 样式列表过滤器

样式列表过滤器位于"样式"列表框和预览框之间，单击右侧的向下箭头，可在下拉列表框中选择"所有样式"或"正在使用的样式"选项，在"样式"列表框中显示相应的文字样式。如果当前图形文件中所有样式均被使用，则无论选择"所有样式"还是"正在使用的样式"选项，在"样式"列表框中显示的都一样。

3. 预览框

预览框用来显示选定的文字样式的样例文字效果。

4. "新建"按钮

单击"新建"按钮，弹出"新建文字样式"对话框，如图 5.5 所示，样式名默认为"样式 1"，用户可以修改样式名。

图 5.5　"新建文字样式"对话框

5. "字体"选项区

（1）"字体名"下拉列表框。

在"字体名"下拉列表框中有可供选用的字体文件，包括所有注册的 TrueType 字体和系统安装路径 Fonts 文件夹中编译的所有形字体，如图 5.6 所示。

带有 TT 的字体为 TrueType 字体，带有 A 的字体为形字体。TrueType 字体可用于西文、数字和中文。形字体主要用于西文和数字，其中 gbenor.shx 和 gbeitc.shx 是符合国

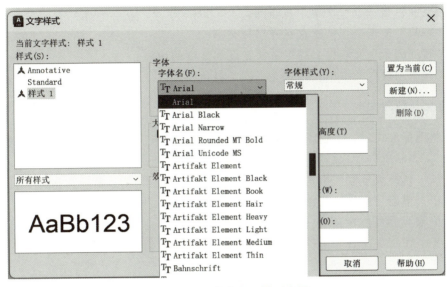

图 5.6 "字体名"下拉列表框

家标准要求的工程字体。要想将形字体用于中文，需设置大字体。

带有"@"的字体为竖式字体，当竖向书写文字时可选用这种字体。

(2) "使用大字体"复选框。

勾选"使用大字体"复选框，可以创建包含大字体的文字样式。TrueType 字体不能使用大字体，只有选择形字体时才能勾选该复选框，也只有选中该复选框时才能使用大字体。在"字体样式"下拉列表框中选择要使用的大字体文件，工程图样中工程字使用的简体中文大字体为 gbcbig.shx。

勾选"使用大字体"复选框后，"字体名"变为"SHX 字体"，其下拉列表框中只有 SHX 字体，而没有 TrueType 字体。

6. "大小"选项区

"大小"选项区用于修改文字样式中文字的高度。

(1) "注释性"复选框。

可以为已定义的文字样式设置注释性。选中一种文字样式，若勾选"注释性"复选框，则该文字样式为注释性文字样式，在"样式"列表框内该文字样式前面增加一个 ⚠ 符号，并且"使文字方向与布局匹配"复选框处于可选状态，如图 5.4 所示。当将文字样式设置为注释性文字样式时，在布局空间改变绘图比例时，该文字的大小不会随绘图比例改变，没有设置"注释性"的文字大小会随绘图比例改变。

(2) "图纸文字高度"编辑框。

"图纸文字高度"编辑框用于设置文字的高度，默认值为 0。

7. "效果"选项区

"效果"选项区用来设置字体的特殊效果。

(1) "颠倒"复选框：文字上下颠倒。

(2)"反向"复选框:文字左右颠倒。

(3)"垂直"复选框:按垂直对齐书写文字。

(4)"宽度因子"文本框:指定文字宽度和高度的比值。

(5)"倾斜角度"文本框:指定文字的倾斜角度。

5.2.2 定义长仿宋文字

国家制图标准规定,工程图样中的汉字应采用长仿宋字体。定义长仿宋文字样式的操作如下。

第一步 选择菜单栏"格式"→"文字样式"命令。

第二步 单击"新建"按钮,弹出"新建文字样式"对话框,在"样式名"文本框中输入"长仿宋",单击"确定"按钮。

第三步 在"字体名"下拉列表框中选择"仿宋"选项,不勾选"使用大字体"复选框。

第四步 设置"宽度因子"为 0.7。

第五步 单击"应用"按钮,完成文字样式设置。单击"关闭"按钮,退出"文字样式"对话框。

长仿宋文字样式如图 5.7 所示。

图 5.7 长仿宋文字样式

5.2.3 定义形字体文字

工程图样上的文字应符合国家标准规定的汉字、数字和字母的书写样式。在 AutoCAD 形字体中,相应的字体文件名如下:中文字体采用大字体 gbcbig.shx,西文字体采用 gbenor.shx。

第一步 选择菜单栏"格式"→"文字样式"命令。

第二步 单击"新建"按钮,弹出"新建文字样式"对话框,将"样式名"文本框中的默认样式名"样式1"改为"工程字",单击"确定"按钮。

第三步 在"字体"选项区的"SHX 字体"下拉列表框中选择 gbenor.shx 选项,勾选"使用大字体"复选框,然后在"大字体"下拉列表框中选择 gbcbig.shx 选项。

第四步 设置"宽度因子"为 1。

第五步 单击"应用"按钮,完成"工程字"文字样式设置。单击"关闭"按钮,退出"文字样式"对话框。

工程图样上的文字样式如图 5.8 所示。

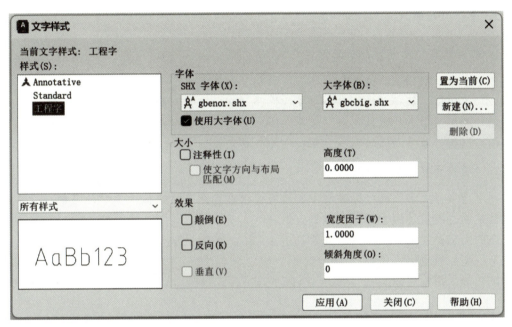

图 5.8 工程图样上的文字样式

5.3 文字输入

AutoCAD 提供单行文字(DTEXT)和多行文字(MTEXT)两种文字输入工具。

5.3.1 单行文字输入

1. 激活"单行文字"命令的方式

(1) 命令:DTEXT 或 TEXT、DT。
(2) 菜单栏:选择"绘图"→"文字"→"单行文字"命令。
(3) 面板:单击"默认"→"文字"→"单行文字"按钮 A。
(4) 面板:单击"注释"→"单行文字"按钮 A。

2. "单行文字"命令执行过程

当前文字样式:Standard,文字高度为 2.5,注释性为否,对正为左。
指定文字的起点或 [对正(J)/样式(S)]。

其他选项的含义如下。

对正（J）：控制文字的对正方式。

样式（S）：指定要输入的文字样式。

每输入完一行文字都按 Enter 键进入下一行文字输入，连续按两次 Enter 键将结束命令。

5.3.2 多行文字输入

1. 激活"多行文字"命令的方式

（1）命令：MTEXT 或 MT。

（2）菜单栏：选择"绘图"→"文字"→"多行文字"命令。

（3）面板：单击"默认"→"文字"→"多行文字"按钮A。

（4）面板：单击"注释"→"多行文字"按钮A。

2. "多行文字"命令执行过程

使用"多行文字"命令标注文字，首先要求在绘图区指定标注文字的区域（文字框）。文字框是通过指定其两个对角顶点确定的。

当前文字样式为 Standard，文字高度为 2.5，注释性为否。

第一步　指定第一角点。

第二步　指定对角点或［高度（H）/对正（J）/行距（L）/旋转（R）/样式（S）/宽度（W）/栏（C）］。

3. 输入文字

指定文字框的两个对角点后，弹出"文字框"，同时切换到"文字编辑器"选项卡，如图 5.9 所示。在"文字框"窗口上方有一个标尺，拉动标尺右边的箭头可以改变文字框的长度。可以在"文字编辑器"选项卡下设置文字的样式和显示效果，在"文字框"中输入所需文字。输入完毕后，单击"关闭文字编辑器"按钮即可。

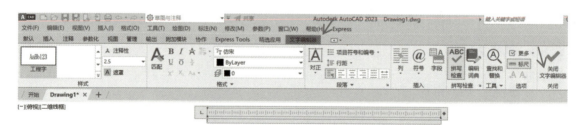

图 5.9　"文字编辑器"选项卡

例5-1

【例 5-1】　文字输入，如图 5.10 所示。

单行文字输入"每输入完一行文字按回车键进入下一行文字输入。

多行文字输入：系统首先要求在绘图区指定注写文字的区域，即文字框。

文字框是通过指定其两个对角顶点来确定的。

图 5.10　文字输入

5.3.3 特殊字符输入

输入多行文字时，可以通过"文字格式"编辑器中的"符号"菜单输入特殊字符；对于单行文字，必须通过输入控制码来输入特殊字符。常见特殊字符的控制码见表 5.1。

表 5.1 常见特殊字符的控制码

控制码	功能
%%C	生成直径符号 Φ
%%D	生成角度符号 °
%%P	生成正负号 ±
%%%	生成百分号 %
%%O	打开或关闭文字上画线功能
%%U	打开或关闭文字下画线功能
\U+2220	生成角符号 ∠
\U+00B2	生成平方符号 ^{2}
\U+00B3	生成立方符号 ^{3}

5.4 文字编辑

文字的内容和样式几乎不可能输入一次就达到要求，时常需要反复调整与修改，需要在原有文字的基础上对文字进行编辑。

5.4.1 编辑单行文字

要修改"单行文字"的内容，只需在文字上双击，文字就进入编辑状态，此时所有文字都处于选中状态，若直接输入文字，则替换原有文字；若要添加文字，则可以在要添加的位置单击，取消文字选中状态，从而添加文字。

在编辑状态下，可以修改文字的内容。修改完一行"单行文字"后，可以继续单击其他"单行文字"进行修改，修改完成后按 Enter 键，即可完成文字编辑。

采用双击方法编辑"单行文字"只能修改文字内容，而不能修改文字的其他特性。若要修改文字的其他特性，则可以使用"特性"工具。选中要编辑的文字，单击"默认"→"特性"→"对象特性"按钮，弹出"特性"对话框，如图 5.11 所示，不但可以修改文字内容，而且可以修改文字的颜色、图层、线型等。

图 5.11 "特性"对话框

5.4.2 编辑多行文字

要修改多行文字，可以双击多行文字，弹出"文字编辑器"选项卡和"文字框"，可以在"文字框"中修改文字的内容。在"文字编辑器"选项卡下，可以修改文字的格式，如文字样式、字体、字高、加粗、倾斜、下画线、上画线、颜色等。编辑修改完成后，只需单击"关闭文字编辑器"按钮或空白处即可。

5.5 创建表格

利用表格工具设置表格样式，在图形窗口插入设置完样式的空表格，可以在表格的单元格中填写数据或文字。

5.5.1 创建表格样式

创建表格前，要创建一个空表格，然后在表格的单元格中填写数据或文字。在创建空表格之前，要设置表格样式。

1. 激活"表格样式"命令的方式及"新建表格样式"

（1）命令：TABLESTYLE 或 TS。
（2）菜单栏：选择"格式"→"表格样式"命令。
（3）面板：单击"默认"→"注释"→"表格样式"按钮 。
（4）面板：单击"注释"→"表格"→"表格"右下箭头按钮 。

激活"表格样式"命令后，弹出"表格样式"对话框，如图 5.12 所示。

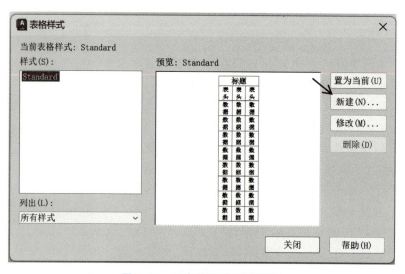

图 5.12 "表格样式"对话框

"样式"列表框中的 Standard 是系统自动生成的表格样式。要创建新表格样式，单击

"新建"按钮,弹出"创建新的表格样式"对话框,如图 5.13 所示,可以设置新样式名和基础样式。单击"继续"按钮,弹出"新建表格样式"对话框,如图 5.14 所示。

图 5.13　"创建新的表格样式"对话框

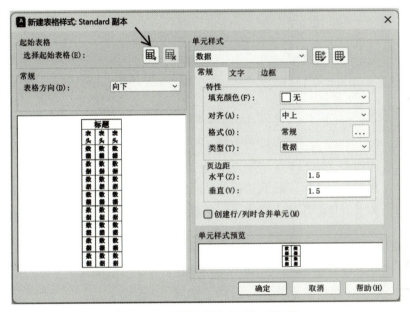

图 5.14　"新建表格样式"对话框

2. 设置单元特性

(1)"起始表格"选项区。单击"选择起始表格"按钮,可以在绘图区选择一个已插入的表格,将其样式作为新建表格的样式。当新建的表格样式与已插入的表格接近,只有部分内容不同时,使用此方法很方便,只需修改内容不同的地方即可。若没有已插入的表格,则此方法没用。

(2)"常规"选项区。在"表格方向"下拉列表中可以选择"向下"或"向上"选项,以指定表格方向。表格中有标题、表头和数据三个基本要素,在预览框中可以看到三个基本要素在表格中的位置。

(3)"单元样式"选项区。在"单元样式"选项区可以设置表格的标题、表头和数据栏。

首先在下拉列表框中选择"数据"选项。在"常规"选项卡下,可以设置"特性"(填充颜色、对齐、格式、类型)和页边距(水平和垂直)。

在"文字"选项卡下，可以设置文字特性。文字特性包含文字样式、文字高度、文字颜色、文字角度等内容，如图 5.15 所示。

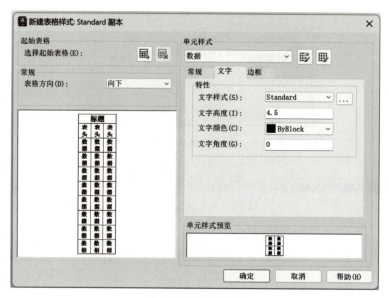

图 5.15　文字特性

在"边框"选项卡（图 5.16）下，可以设置单元边框样式，包括线宽、线型、颜色以及是否采用双线和双线间距等。设置边框样式后，单击"通过单击上面的按钮将选定的特性应用到边框"文字上面的按钮，将设置好的样式应用到按钮所显示的部位。

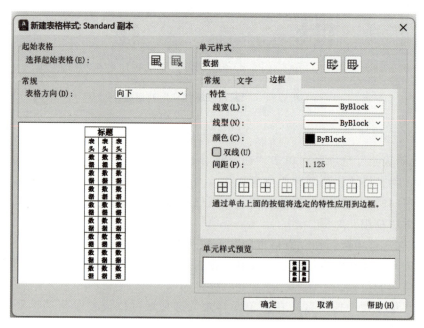

图 5.16　"边框"选项卡

设置"数据"后，在"单元样式"下拉列表框中选择"标题"选项，重复上面的设置;然后在"单元样式"下拉列表框中选择"表头"选项,再重复上面的设置。

设置边框线宽时,一般将表格的外框设为粗线、内框设为细线。设置单元样式时,可分别设置"标题""表头""数据"栏的边框线宽。

设置单元样式后,单击"确定"按钮,再单击"关闭"按钮,完成表格样式创建。

5.5.2 插入表格

创建表格样式后,单击"表格样式"对话框(图 5.12)右上角的"置为当前"按钮,将创建的"Standard 副本"样式作为当前表格样式。

1. 激活"插入表格"命令的方式

可以用当前表格样式在绘图区的适当位置插入一个表格,激活"插入表格"命令的方式如下。

(1) 命令:TABLE 或 TB。
(2) 菜单栏:选择"绘图"→"表格"命令。
(3) 面板:单击"默认"→"注释"→"表格"按钮 。
(4) 面板:单击"注释"→"表格"→"表格"按钮 。

2. "插入表格"命令执行过程

第一步 激活"插入表格"命令后,弹出"插入表格"对话框,如图 5.17 所示。

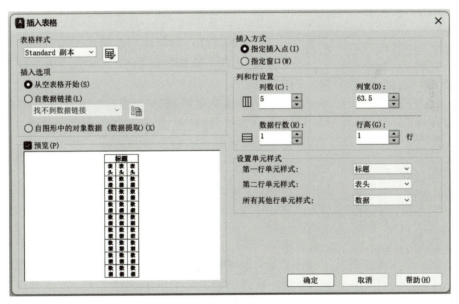

图 5.17 "插入表格"对话框

第二步 在"表格样式"下拉列表框中选择"Standard 副本"选项;在"插入方式"选项区中选择"指定插入点"单选项;在"列和行设置"选项区中设置列数及列宽、数据行数及行高;在"设置单元样式"选项区中设置"标题""表头""数据",单击"确定"按钮。

第三步　在光标处出现一个空表格并随光标移动，命令行提示指定插入点。在要插入表格处单击，可绘制一个空表格，此时表格左上角的单元格处于文字编辑状态，等待输入数据或文字，同时切换到"文字编辑器"选项卡。

【例 5-2】　创建表格，如图 5.18 所示。

标题	
第一行	
第二行	

图 5.18　创建表格

5.5.3　编辑表格

编辑表格包括修改行高和列宽、插入或删除行、插入或删除列、合并单元格、编辑单元格中的文字或数据、修改单元格边框特性等。

1. 修改列宽

右击要修改的列，在弹出的快捷菜单中选择"特性"选项，弹出"特性"对话框，如图 5.19 所示，可以修改"单元宽度"。

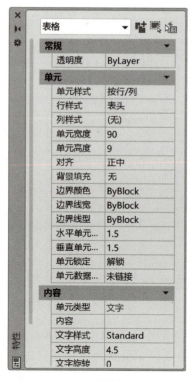

图 5.19　"特性"对话框

2. 修改行高

要修改行高，只需选中要修改的行（或属于该行的单元格），在"特性"对话框中将单元高度改为所需高度即可。

也可从菜单栏调出"特性"对话框，选择菜单栏"修改"→"特性"命令，即可弹出"特性"对话框。选中要修改的单元格，在"特性"对话框中显示的单元格内容均可被修改，如单元样式、对齐、背景填充、边界颜色、边界线宽、边界线型等，以及单元文字的内容、样式、高度、旋转等。

3. 插入列（或行）

右击准备插入列（或行）的前面（或后面）的单元格，在弹出的快捷菜单中选择"列"（或"行"）选项，在弹出的子菜单中有"在左侧插入""在右侧插入""删除"（或"在上方插入""在下方插入""删除"）选项，如图 5.20 所示。根据要插入的位置选择相应选项即可。

4. 删除列（或行）

右击要删除的列（或行）的任一单元格，在弹出的快捷菜单中选择"列"(或"行")选项,在弹出的子菜单中选择"删除"选项即可。

5. 合并单元格

右击要合并的单元格,在弹出的快捷菜单中选择"合并"选项,弹出子菜单,如图 5.21 所示,根据需要选择"全部""按行""按列"选项即可。

图 5.20　插入列(或行)子菜单

图 5.21　"合并单元格"子菜单

6. 编辑单元格中的内容

双击要修改内容的单元格,该单元格即处于编辑状态,可以修改单元格中的内容。修改完毕后,单击"确定"按钮或其他单元格。

7. 修改边框特性

右击要修改边框的单元(或行、列,甚至整个表格),在弹出的快捷菜单中选择"边框"选项,弹出"单元边框特性"对话框,如图 5.22 所示。该对话框的内容与创建表格样式中的"边框特性"内容基本相同,可以根据需要设置内、外边框线的线宽、线型、颜色等。

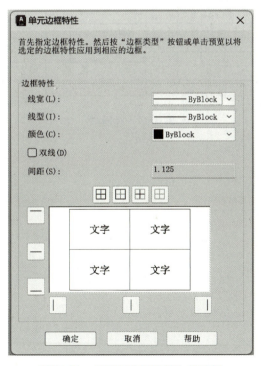

图 5.22　"单元边框特性"对话框

【例 5-3】 编辑表格,如图 5.23 所示。

明细			
1			
2			

例5-3

图 5.23 编辑表格

练 习 题

1. 用长仿宋字体输入文字"国家制图标准规定,工程图样中的汉字应采用长仿宋字体。"

2. 绘图时,在每张图纸的右下角画出标题栏,按照图 5.24 给定样式绘制表格并填写标题栏。

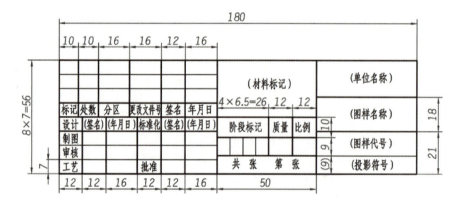

图 5.24 标题栏

第 6 章 尺寸标注

本章教学要点

知识要求	能力要求	相关知识
尺寸标注的类型	掌握尺寸标注的类型	尺寸标注的类型
创建尺寸标注形式	掌握定义尺寸标注样式； 掌握设置"线"选项卡； 掌握设置"符号和箭头"选项卡； 掌握设置"文字"选项卡； 掌握设置"调整"选项卡； 掌握设置"主单位"选项卡； 掌握设置"单位换算"选项卡； 掌握设置"公差"选项卡	定义尺寸标注样式； 设置"线"选项卡； 设置"符号和箭头"选项卡； 设置"文字"选项卡； 设置"调整"选项卡； 设置"主单位"选项卡； 设置"单位换算"选项卡； 设置"公差"选项卡
标注长度型尺寸	掌握线性标注； 掌握对齐标注； 掌握基线标注； 了解连续标注； 了解折弯线性标注	线性标注； 对齐标注； 基线标注； 连续标注； 折弯线性标注
标注半径、直径和角度	掌握半径标注； 掌握折弯标注； 掌握直径标注； 掌握角度标注	半径标注； 折弯标注； 直径标注； 角度标注
快速标注	掌握快速标注	快速标注
尺寸编辑	掌握更新标注； 掌握编辑标注文字内容； 掌握编辑标注文字位置； 掌握尺寸标注的其他编辑	更新标注； 编辑标注文字内容； 编辑标注文字位置； 尺寸标注的其他编辑

几何图形只能反映对象的形状结构，而其真实尺寸和各部分之间的相对位置关系需要通过尺寸标注确定。尺寸标注是土木工程设计、机械制造的重要依据。

6.1　尺寸标注的类型

AutoCAD 提供多种标注工具来标注图形对象，可以通过以下三种方式调用：单击菜单栏中的"标注"菜单，如图 6.1 所示；单击"默认"→"注释"→"标注"按钮，在下拉菜单中选择，如图 6.2（a）所示；单击"注释"→"标注"按钮，弹出"标注"面板，如图 6.2（b）所示。

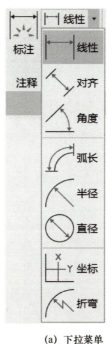

（a）下拉菜单　　　　　　（b）"标注"面板

图 6.1　"标注"菜单　　　图 6.2　"标注"面板

6.2　创建尺寸标注样式

尺寸标注时，尺寸标注样式控制尺寸界线、尺寸线、标注文字、箭头等的外观和格式，它是一组尺寸标注系统变量的集合。创建尺寸标注样式，用户可以设置所有相应尺寸变量，并控制图形中尺寸标注的外观和布局。

6.2.1 定义尺寸标注样式

可以通过"标注样式管理器"对话框创建或设置尺寸标注样式。

1. 激活"标注样式管理器"命令的方式

（1）命令：DIMSTYLE 或 D。
（2）菜单栏：选择"格式"→"标注样式"选项。
（3）面板：单击"默认"→"注释"→"标注样式"按钮 。
（4）面板：单击"注释"→"标注"→右下箭头按钮 。

激活"标注样式管理器"命令后，弹出"标注样式管理器"对话框，如图 6.3 所示。

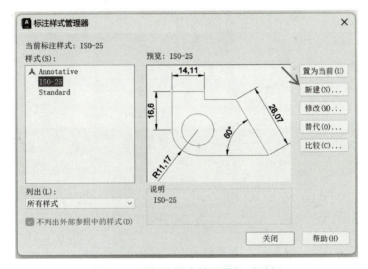

图 6.3 "标注样式管理器"对话框

2. "创建新标注样式"执行过程

（1）在"标注样式管理器"对话框中单击"新建"按钮，弹出"创建新标注样式"对话框，如图 6.4 所示。

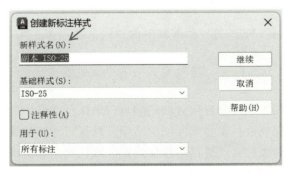

图 6.4 "创建新标注样式"对话框

（2）在"新样式名"文本框中输入要创建的尺寸标注样式名称，如 ZZGD。

(3) 在"基础样式"下拉列表框中选择一种基础样式，可在该基础样式的基础上修改新样式。

(4) 在"用于"下拉列表框中指定新样式的应用范围，如"所有标注""线性标注""角度标注""半径标注""直径标注""坐标标注"和"引线与公差"等。

(5) 单击"继续"按钮，弹出"新建标注样式：ZZGD"对话框，如图 6.5 所示。

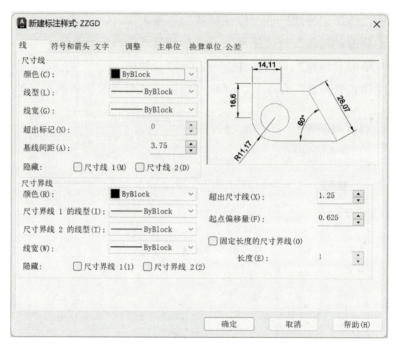

图 6.5 "新建标注样式：ZZGD"对话框

(6) 在"新建标注样式：ZZGD"对话框中设置尺寸标注的各种参数。设置后，单击"确定"按钮，返回"标注样式管理器"对话框，在"样式"列表框中就会出现新的尺寸标注样式 ZZGD。

(7) 选择该样式，单击"置为当前"按钮，将其设置为当前样式。

6.2.2 设置"线"选项卡

选择"新建标注样式：ZZGD"对话框中的"线"选项卡，可以设置尺寸线、尺寸界线的格式和位置。

1. 设置尺寸线

(1) "颜色"下拉列表框：设置尺寸线的颜色。默认尺寸线的颜色为 ByBlock。

(2) "线型"下拉列表框：设置尺寸线的线型。默认尺寸线的线型为 ByBlock。

(3) "线宽"下拉列表框：设置尺寸线的线宽。默认尺寸线的线宽为 ByBlock。

(4) "超出标记"编辑框：当尺寸起止符号采用倾斜、建筑标记、小点、积分或无标记等样式时，使用该编辑框可以设置尺寸线超出尺寸界线的长度。

(5) "基线间距"编辑框：标注基线尺寸时，可以设置各尺寸线之间的距离。

（6）"隐藏"选项组：勾选"尺寸线1"或"尺寸线2"复选框，可以隐藏第1段或第2段尺寸线及其相应的尺寸终端。

2. 设置尺寸界线

（1）"颜色"下拉列表框：设置尺寸界线的颜色。默认尺寸界线的颜色为 ByBlock。

（2）"尺寸界线1的线型"和"尺寸界线2的线型"下拉列表框：分别设置尺寸界线1和尺寸界线2的线型。默认尺寸界线的线型为 ByBlock。

（3）"线宽"下拉列表框：设置尺寸界线的线度。默认尺寸界线的线宽为 ByBlock。

（4）"超出尺寸线"编辑框：设置尺寸界线超出尺寸线的长度。

（5）"起点偏移量"编辑框：设置尺寸界线的起点与标注定义点的距离。

（6）"隐藏"选项组：勾选"尺寸界线1"或"尺寸界线2"复选框，可以隐藏尺寸界线。

（7）"固定长度的尺寸界线"复选框：勾选该复选框，可以使用具有特定长度的尺寸界线标注图形，在"长度"编辑框中输入尺寸界线的长度。

6.2.3 设置"符号和箭头"选项卡

在"符号和箭头"选项卡（图 6.6）下，可以设置箭头、圆心标记、折断标注、弧长符号、半径折弯标注和线性折弯标注。

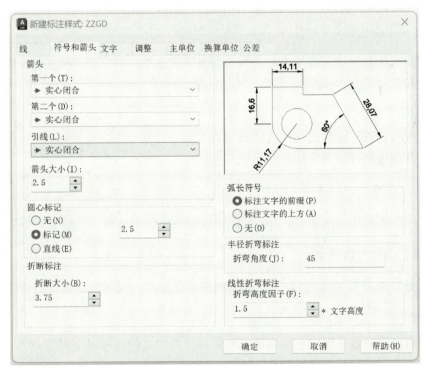

图 6.6 "符号和箭头"选项卡

1. 箭头

在"箭头"选项组中，可以设置尺寸线和引线的箭头类型及长度等。一般情况下，尺寸线两端的箭头应一致。

为了满足不同类型的图形标注需求，AutoCAD 有 20 多种箭头样式，用户可以从相应的下拉列表框中选择箭头，并在"箭头大小"编辑框中设置箭头尺寸。

2. 圆心标记

在"圆心标记"选项组中，可以设置圆心标记的类型和尺寸。圆心标记有"无""标记""直线"三种。选择"无"单选项，没有任何标记；选择"标记"单选项，可对圆或圆弧绘制圆心标记；选择"直线"单选项，可对圆或圆弧绘制中心线。当选择"标记"或"直线"单选项时，可以在编辑框中设置圆心标记的尺寸。

3. 折断标注

使用"折断标注"命令设置尺寸的引线被对象折断后，尺寸线等断开处的间距，默认为 3.75mm。

4. 弧长符号

在"弧长符号"选项组中，可以设置弧长符号的显示位置，包括"标注文字的前缀""标注文字的上方""无"三种方式。

5. 半径折弯标注

通过"半径折弯标注"选项组的"折弯角度"文本框，可以设置标注大圆弧半径时标注线的折弯角度，默认为 45°。

6. 线性折弯标注

通过"线性折弯标注"选项组的"折弯高度因子"文本框，可以设置线性折弯标注时标注线的折弯高度是标注文字高度的因子倍数。

6.2.4 设置"文字"选项卡

在"文字"选项卡（图 6.7）下，可以设置标注文字的外观、位置和对齐方式。

6.2.5 设置"调整"选项卡

在"调整"选项卡（图 6.8）下，可以调整标注文字、尺寸线、箭头的位置。

1. 调整选项

在"调整选项"选项组中，可以确定如果尺寸界线之间没有足够的空间放置文字和箭头，那么首先从尺寸界线中移出对象。

（1）"文字或箭头（最佳效果）"单选项：选择该单选项时，自动为文字或箭头选择最佳位置放置。

（2）"箭头"单选项：选择该单选项可先移出箭头。

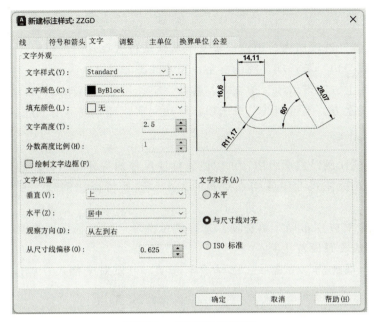

图 6.7 "文字"选项卡

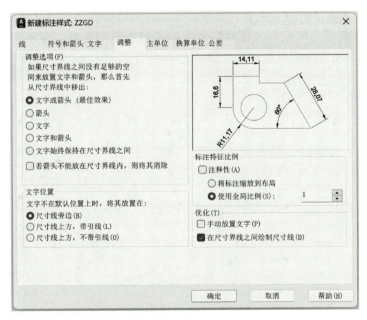

图 6.8 "调整"选项卡

(3)"文字"单选项:选择该单选项可先移出文字。

(4)"文字和箭头"单选项:选择该单选项可将文字和箭头都移出。

(5)"文字始终保持在尺寸界线之间"单选项:选择该单选项可将文字始终保持在尺寸界线内。

(6)"若箭头不能放在尺寸界线内,则将其消除"复选框:勾选该复选框,如果尺寸界线之间的空间不足以容纳箭头,则隐藏箭头。

2. 文字位置

在"文字位置"选项组中，可以设置文字从默认位置移动后的位置。

（1）"尺寸线旁边"单选项：移动文字，尺寸线跟着动。

（2）"尺寸线上方，带引线"单选项：移动文字，尺寸线不动，且自动带引线。

（3）"尺寸线上方，不带引线"单选项：移动文字，尺寸线不动，且不带引线。

3. 标注特征比例

在"标注特征比例"选项组中，可以设置标注尺寸的特征比例，以通过设置全局比例因子来放大或缩小标注尺寸中各构成要素的大小。改变特征比例时，尺寸测量值的大小不变。

（1）"将标注缩放到布局"单选项：选择该单选项，可以根据当前模型空间视口与图纸空间之间的缩放关系设置比例。

（2）"使用全局比例"单选项：选择该单选项，可以对全部尺寸标注设置缩放比例，该比例不改变尺寸测量值。

4. 优化

在"优化"选项组中，可以对标注文字和尺寸线进行细微调整。

（1）"手动放置文字"复选框：勾选该复选框，可将标注文字放置在鼠标指定的位置。

（2）"在尺寸界线之间绘制尺寸线"复选框：勾选该复选框，当尺寸箭头放置在尺寸界线外时，强制在尺寸界线内绘制尺寸线。

6.2.6 设置"主单位"选项卡

在"主单位"选项卡（图 6.9）下，可以设置主单位的格式与精度等属性。

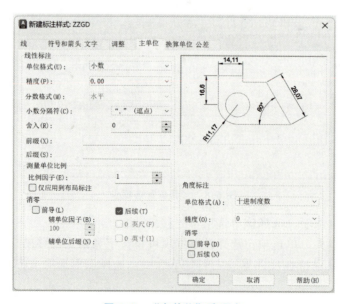

图 6.9 "主单位"选项卡

6.2.7 设置"单位换算"选项卡

在"换算单位"选项卡（图 6.10）下，可以设置换算单位的格式与精度等属性。

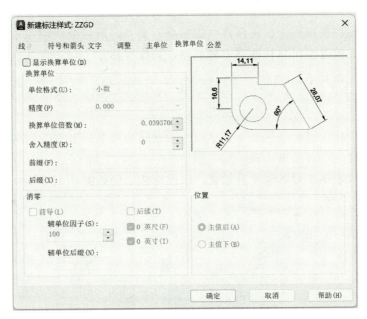

图 6.10 "换算单位"选项卡

6.2.8 设置"公差"选项卡

在"公差"选项卡（图 6.11）下，可以设置是否标注公差以及标注公差的方式。

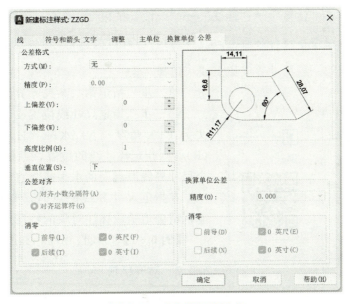

图 6.11 "公差"选项卡

6.3　标注长度型尺寸

长度型尺寸标注是指用于标注两点（如端点、交点、圆弧弦线端点或能够识别的任意两点）间的长度。长度型尺寸标注有多种类型，如线性标注、对齐标注、基线标注、连续标注等。

6.3.1　线性标注

线性标注用于标注当前坐标系 XY 平面中两点间的水平或竖直方向的距离测量值，可以指定两点或选择一个对象来实现。

线性标注可以水平、对齐或垂直放置。线性标注示例如图 6.12 所示。

图 6.12　线性标注示例

1. 激活"线性"标注命令的方式

（1）命令：DIMLINEAR。
（2）菜单栏：选择"标注"→"线性"命令。
（3）面板：单击"默认"→"注释"→"线性"按钮┠┥。
（4）面板：单击"注释"→"标注"→"线性"按钮┠┥。

2. "线性"标注命令执行过程

第一步　指定第一条尺寸界线原点或＜选择对象＞。

第二步　指定第二条尺寸界线原点。

第三步　指定尺寸线位置或［多行文字（M）/文字（T）/角度（A）/水平（H）/垂直（V）/旋转（R）］：（指定尺寸线的位置，系统将自动测量出两个尺寸界线原点间的水平或竖直距离并注出尺寸）。

在指定尺寸界线原点时，要利用对象捕捉功能，精确地拾取标注对象的特征点。

【例 6-1】　线性标注，如图 6.13 所示。

6.3.2　对齐标注

对齐标注用于标注斜线的长度。

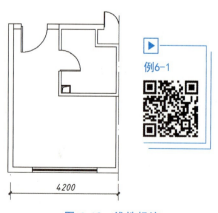

图 6.13　线性标注

1. 激活"对齐"标注命令的方式

（1）命令：DIMALIGNED。

（2）菜单栏：选择"标注"→"对齐"命令。

（3）面板：单击"默认"→"注释"→"对齐"按钮。

（4）面板：单击"注释"→"标注"→"对齐"按钮。

2. "对齐"标注命令执行过程

第一步　指定第一条尺寸界线原点或＜选择对象＞。
第二步　指定第二条尺寸界线原点。
第三步　指定尺寸线位置或［多行文字（M）/文字（T）/角度（A）/水平（H）/垂直（V）/旋转（R）］。

【例6-2】　对齐标注，如图6.14所示。

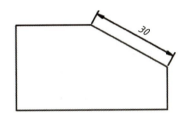

例6-2

图6.14　对齐标注

6.3.3　基线标注

基线标注是指各尺寸线从同一尺寸界线处引出。基线标注示例如图6.15所示。

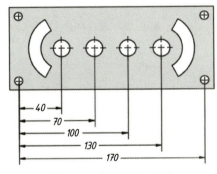

图6.15　基线标注示例

1. 激活"基线"标注命令的方式

（1）命令：DIMBASELINE。

（2）菜单栏：选择"标注"→"基线"命令。

（3）面板：单击"注释"→"标注"→"基线"按钮。

2. "基线"标注命令执行过程

执行"基线"标注命令,可以创建一系列由相同标注原点测量的尺寸标注。

第一步 在基线标注前,创建(或选择)一个线性标注、坐标标注或角度标注作为基准标注,以确定基线标注所需的前一尺寸标注的尺寸界线,然后执行"基线"标注命令。

第二步 指定第二条尺寸界线原点或〔放弃(U)/选择(S)〕<选择>。

在该命令行提示下,如果以刚执行的一个标注为基准,那么可以直接指定下一个尺寸的第二条尺寸界线的原点。如果不以刚执行的线性标注为基准,那么需要按 Enter 键,选择已有线性标注为基准。

AutoCAD 将按基线标注方式标注尺寸,直到按两次 Enter 键结束命令为止。

【例 6-3】 基线标注,如图 6.16 所示。

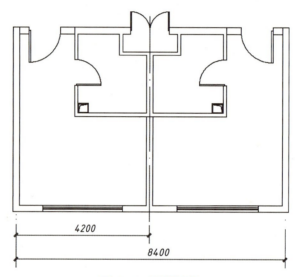

图 6.16 基线标注

6.3.4 连续标注

连续标注是指一系列首尾相连的尺寸标注,相邻两尺寸线使用同一尺寸界线。连续标注示例如图 6.17 所示。

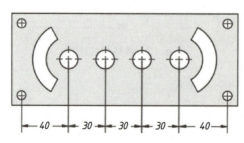

图 6.17 连续标注示例

1. 激活"连续"标注命令的方式

(1) 命令：DIMCONTINUE。

(2) 菜单栏：选择"标注"→"连续"命令。

(3) 面板：单击"注释"→"标注"→"连续"按钮。

2. "连续"标注命令执行过程

执行"连续"标注命令，可以创建一系列端对端放置的标注，每个连续标注都从前一个标注的第二个尺寸界线处开始计量。

第一步 在连续标注前，创建（或选择）一个线性标注、坐标标注或角度标注作为基准标注，以确定连续标注所需的前一尺寸标注的尺寸线，然后执行"连续"标注命令。

第二步 指定第二条尺寸界线原点或［放弃（U）/选择（S）］＜选择＞。

此时命令行提示和执行过程与基线标注均相同。

【例 6-4】 连续标注，如图 6.18 所示。

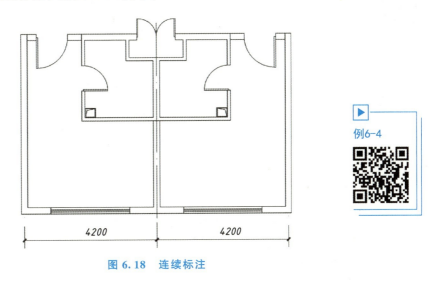

图 6.18 连续标注

6.3.5 折弯线性标注

使用"折弯线性"命令，可以在线性标注或对齐标注中添加或删除 Z 字形折弯线。折弯高度由标注样式中的线性折弯值决定。将折弯添加到线性标注后，可以使用夹点编辑来定位和移动折弯位置；也可以在标注样式中"直线和箭头"下的"特性"选项板上调整线性标注上折弯符号的高度。

1. 激活"折弯线性"标注命令的方式

(1) 命令：DIMJOGLINE。

(2) 菜单栏：选择"标注"→"折弯线性"命令。

(3) 面板：单击"注释"→"标注"→"折弯线性"按钮。

2. "折弯线性"标注命令执行过程

第一步 选择要添加折弯的标注或[删除(R)](指定要向其添加折弯的线性标注或对齐标注)。若输入 R,则命令行提示"选择要删除的折弯(指定要从中删除折弯的线性标注或对齐标注)"。从线性标注或对齐标注中删除折弯。

第二步 指定折弯位置(或按 Enter 键)。

此时,用户可以指定一点为折弯位置,或按 Enter 键,将折弯放在标注文字和第一条尺寸界线之间的中点处或基于标注文字位置的尺寸线的中点处。

【例 6-5】 折弯线性标注,如图 6.19 所示。

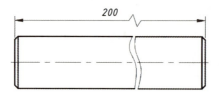

图 6.19 折弯线性标注

6.4 标注半径、直径和角度

在制图中,常需要标注半径、直径、角度等尺寸,可以使用"半径""直径""角度"命令标注。径向标注示例如图 6.20 所示。

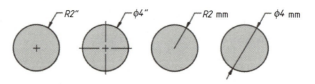

图 6.20 径向标注示例

6.4.1 半径标注

使用"半径"标注命令可以标注圆和圆弧的半径。

1. 激活"半径"标注命令的方式

(1) 命令:DIMRADIUS。

(2) 菜单栏:选择"标注"→"半径"命令。

(3) 面板:单击"默认"→"注释"→"半径"按钮。

(4) 面板:单击"注释"→"标注"→"半径"按钮。

2. "半径"标注命令执行过程

第一步 选择圆弧或圆。

第二步 指定尺寸线位置或［多行文字（M）/文字（T）/角度（A）］。

当通过"多行文字（M）"和"文字（T）"选项重新确定尺寸文字时，只有为输入的尺寸文字加前缀 R 才能使标注的半径尺寸有半径符号 R，否则没有半径符号。

【例 6-6】 半径标注，如图 6.21 所示。

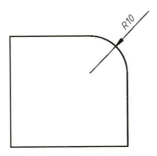

图 6.21 半径标注

6.4.2 折弯标注

当圆弧或圆的中心在布局外且无法在实际位置显示时，使用"折弯"命令可以创建折弯半径标注（也称缩放的半径标注）。它与半径标注方法基本相同，只是可以在更方便的位置指定标注原点代替圆或圆弧的圆心。

1. 激活"折弯"标注命令的方式

（1）命令：DIMJOGGED。
（2）菜单栏：选择"标注"→"折弯"命令。
（3）面板：单击"默认"→"注释"→"折弯"按钮。
（4）面板：单击"注释"→"标注"→"折弯"按钮。

2. "折弯"标注命令执行过程

第一步 选择圆弧或圆。
第二步 指定中心位置替代。
第三步 指定尺寸线位置或［多行文字（M）/文字（T）/角度（A）］。
第四步 指定折弯位置。

将标注样式中"半径折弯标注"的折弯角度设置为 90°。圆心替代位置、折弯位置和尺寸线均可通过夹点操作进行编辑修改。

【例 6-7】 折弯标注，如图 6.22 所示。

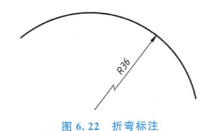

图 6.22 折弯标注

6.4.3 直径标注

使用"直径"标注命令可以标注圆和圆弧的直径尺寸。

1. 激活"直径"标注命令的方式

（1）命令：DIMDIAMETER。
（2）菜单栏：选择"标注"→"直径"命令。
（3）面板：单击"默认"→"注释"→"直径"按钮⊘。
（4）面板：单击"注释"→"标注"→"直径"按钮⊘。

2. "直径"标注命令执行过程

第一步 选择圆弧或圆。
第二步 指定尺寸线位置或［多行文字（M）/文字（T）/角度（A）］。

当通过"多行文字（M）"和"文字（T）"选项重新确定尺寸文字时，只有在尺寸文字前加前缀％％C才能使标注的直径尺寸有直径符号 ϕ。

【例 6-8】 直径标注，如图 6.23 所示。

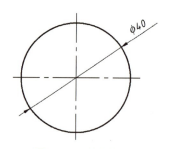

图 6.23 直径标注

6.4.4 角度标注

使用"角度"标注命令可以标注圆弧的圆心角、两条非平行直线间的夹角、不共线的三点间的夹角。角度标注示例如图 6.24 所示。

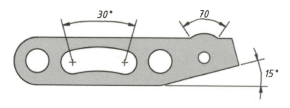

图 6.24 角度标注示例

1. 激活"角度"标注命令的方式

（1）命令：DIMANGULAR。
（2）菜单栏：选择"标注"→"角度"命令。

(3) 面板：单击"默认"→"注释"→"角度"按钮△。

(4) 面板：单击"注释"→"标注"→"角度"按钮△。

2. "角度"标注命令执行过程

第一步　选择圆弧、圆、直线＜指定顶点＞。

第二步　指定角的第二个端点。

第三步　指定标注弧线位置或［多行文字（M）/文字（T）/角度（A）］。

3. 说明

(1) 若选择圆弧对象，则自动标注圆弧起点和终点围成的扇形角度。

(2) 若选择圆对象，则标注拾取的第一点和第二点间围成的扇形角度。

(3) 若直接按 Enter 键，则可以标注三点间的夹角，且选取的第一点为夹角顶点。

【例 6-9】　角度标注，如图 6.25 所示。

图 6.25　角度标注

6.5　快速标注

快速标注是指可以快速创建一系列基线、连续、阶梯和坐标标注，也可以一次性标注多个圆或圆弧的直径或半径。

1. 激活"快速"标注命令的方式

(1) 命令：QDIM。

(2) 菜单栏：选择"标注"→"快速"命令。

(3) 面板：单击"注释"→"标注"→"快速"按钮。

2. "快速标注"标注命令执行过程

第一步　选择要标注的几何图形（选择需要标注尺寸的各图形对象）。

第二步　指定尺寸线位置或［连续（C）/并列（S）/基线（B）/坐标（O）/半径（R）/直径（D）/基准点（P）/编辑（E）/设置（T）］＜连续＞。

【例 6-10】　快速标注，如图 6.26 所示。

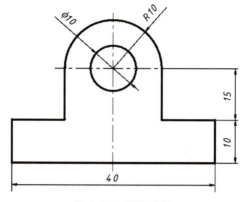

图 6.26 快速标注

6.6 尺寸编辑

用户可以对已经创建的尺寸标注进行编辑修改（如修改尺寸文字的内容、改变其位置、使尺寸文字倾斜一定角度等），还可以对尺寸界线进行编辑，而不必删除标注的尺寸后重新标注。尺寸编辑有以下 4 种方式。

（1）使用系统的编辑命令或夹点编辑标注的位置。

（2）通过"特性"对话框修改标注。

（3）选中要编辑的尺寸，把鼠标放在某些夹点上会显示一个快捷菜单，选择快捷菜单中的命令对尺寸进行相应的编辑。

（4）使用"标注样式管理器"对话框修改标注的样式。

6.6.1 更新标注（编辑已标注尺寸的尺寸样式）

用当前标注样式更新图形中尺寸的原有标注样式。

1. 激活"更新"标注命令的方式

（1）命令：DIMSTYLE。

（2）菜单栏：选择"标注"→"更新"命令。

（3）面板：单击"注释"→"标注"→"更新"按钮 。

2."更新"标注命令执行过程

当前标注样式为 Standard。

第一步　输入标注样式选项［保存（S）/恢复（R）/状态（ST）/变量（V）/应用（A）/?］＜恢复＞。

第二步　选择对象（选择要更新的尺寸对象）。

其他选项的含义如下。

保存（S）：以一个新的标注样式名保存当前标注样式，并将新的标注样式置为当前标注样式。

恢复（R）：将输入的标注样式设置为当前标注样式。
状态（ST）：列出所有当前图形中命名的标注样式系统变量设置。
变量（V）：列出输入的标注样式系统变量设置，但不修改当前设置。
应用（A）：按当前的标注样式更新选择的尺寸对象。
"?"：列出当前图形中命名的标注样式。

【例 6-11】 更新标注，如图 6.27 所示。

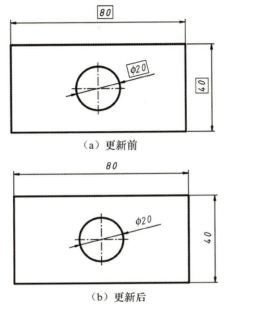

图 6.27 更新标注

6.6.2 编辑标注文字内容

创建标注后，可以编辑或者替换标注文字的内容，通常有以下 4 种方式。

（1）选择要修改的标注，弹出"特性"对话框，在"文字"文本框中输入新的标注文字，可替换已标注的实际测量值。

（2）双击要修改的标注，尺寸数字呈现灰色可编辑状态，可以修改其数值。

（3）使用 DIMEDIT 命令。

执行 DIMEDIT 命令后，命令行提示如下。

第一步 输入标注编辑类型［默认（H）/新建（N）/旋转（R）/倾斜（O）］＜默认＞（输入 N，按 Enter 键）。

第二步 弹出"文字格式"编辑器，在文字输入文本框中输入标注文字，单击"文字格式"工具栏中的"确定"按钮，命令行提示"选择对象："。

第三步 选择要编辑的尺寸标注对象，按 Enter 键。

其他选项的含义如下。

旋转（R）：可以使标注文字旋转一定角度。

倾斜（O）：可以使非角度标注的尺寸界线倾斜一定角度。

（4）选择菜单栏"修改"→"对象"→"文字"→"编辑"命令，选中要修改的尺寸，弹出"文字格式"编辑器，可以修改标注文字。

【例 6-12】 编辑标注文字，如图 6.28 所示。

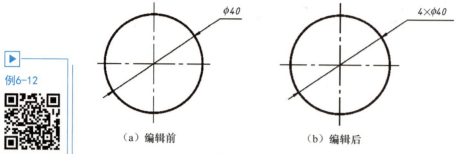

(a) 编辑前　　　　　　　　　　　(b) 编辑后

图 6.28　编辑标注文字

6.6.3 编辑标注文字位置

用户可以修改尺寸标注中尺寸文字的位置，使其位于尺寸线上面左端、右端或中间，还可以使文字倾斜一定角度，通常有以下 4 种方式。

（1）单击菜单栏"标注"→"对齐文字"→编辑标注文字位置按钮（"默认"除外）。

（2）单击"注释"→"标注"→编辑标注文字位置按钮 。

（3）使用 DIMTEDIT 命令。

选择需要修改的尺寸对象，命令行提示"指定标注文字的新位置或［左（L）/右（R）/中心（C）/默认（H）/角度（A）］："。

在默认情况下，可以通过拖动光标确定标注文字的新位置。

其他选项的含义如下。

左（L）和右（R）：仅对非角度标注起作用。它们分别决定标注文字沿着尺寸线左对齐或右对齐。

中心（C）：可以将标注文字放在尺寸线的中间。

默认（H）：可以按默认位置及方向放置标注文字。

角度（A）：可以旋转标注文字，需要指定一个角度值，此时标注文字的中心点不变，使文字沿给定的角度方向排列。

（4）通过快捷菜单实现。选中要编辑的尺寸标注并右击尺寸数字上的夹点，弹出一个快捷菜单，可编辑标注文字位置。

【例 6-13】 编辑标注文字位置，如图 6.29 所示。

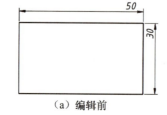

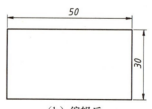

(a) 编辑前　　　　　　　　　　　(b) 编辑后

图 6.29　编辑标注文字位置

6.6.4 尺寸标注的其他编辑

1. 夹点编辑

夹点编辑是修改标注最快、最简单的方法。

对于线性标注和角度标注有 5 个夹点，对于半径标注和直径标注有 3 个夹点。选中标注后，在尺寸上显示的蓝色小方块即夹点。例如，选中某线性标注后，单击尺寸界线端部的夹点并拖动鼠标，可以改变标注的范围或尺寸界线的长度；单击尺寸线端部的夹点并拖动鼠标，可以改变尺寸线的位置；单击尺寸数字上的夹点并拖动鼠标，可以改变尺寸数字的位置。

2. 使标注倾斜

一般创建与尺寸线垂直的尺寸界限，如果尺寸界线与图形中的其他对象发生冲突，就可以修改它们的角度，使现有的标注倾斜不影响新的标注。

激活"倾斜"标注命令的方式

（1）命令：DIMEDIT。

（2）菜单栏：选择"标注"→"倾斜"命令。

（3）面板：单击"注释"→"标注"→"倾斜"按钮 /-/。

【例 6-14】 倾斜标注，如图 6.30 所示。

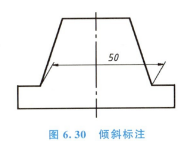

图 6.30 倾斜标注

练 习 题

1. 按照尺寸要求绘制图 6.31，并标注尺寸。

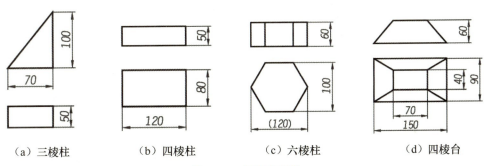

图 6.31 棱柱和棱台

2. 按照尺寸要求绘制图 6.32，并标注尺寸。

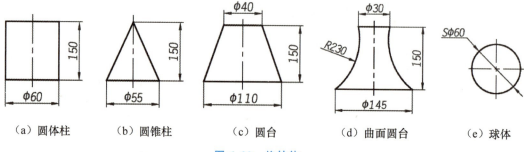

（a）圆体柱　　（b）圆锥柱　　（c）圆台　　（d）曲面圆台　　（e）球体

图 6.32　旋转体

3. 按照尺寸要求绘制图 6.33，并标注尺寸。

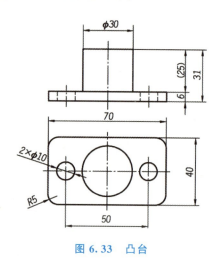

图 6.33　凸台

4. 按照尺寸要求绘制图 6.34，并标注尺寸。

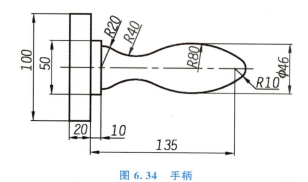

图 6.34　手柄

第 7 章
图块和图块属性

知识要求	能力要求	相关知识
图块	了解图块的特点及用途； 掌握定义块、保存块、插入块； 熟悉块的编辑与修改	图块的特点及用途； 定义块、保存块、插入块； 块的编辑与修改
图块属性	了解属性的概念及特点； 熟悉属性的定义； 掌握插入一个带属性的块； 熟悉编辑属性； 熟悉控制属性的可见性	属性的概念及特点； 属性的定义； 插入一个带属性的块； 编辑属性； 控制属性的可见性

在绘图过程中，经常需要使用相同的图形，如果每次都重新绘制就会浪费大量时间。为了减少重复性工作、提高工作效率，AutoCAD 提供了图块功能，用户可以将一些经常使用的图形对象定义为块，当需要绘制这些图形时，只需按合适的比例将相应的图块插入指定位置即可。此外，还可以将一些形状相同而文字不同的图形定义为带属性的块，使用时，只需将该图块直接插入所需位置并修改文字即可。

7.1 图　　块

7.1.1 图块的特点及用途

图块是由多个对象组成且具有块名的一个整体，可以随时将它作为一个单独的对象插入当前图形的指定位置，而且可以在插入时指定不同的缩放比例系数和旋转角度。可以对插入图形的块进行移动、删除、复制、比例缩放、镜像和阵列等操作。

图块的主要作用如下。

（1）建立图形库。在机械设计和土木工程设计中，经常会遇到一些重复使用的图形，如果把这些经常使用的图形定义成块，并以图形文件的形式保存在磁盘中，就形成了一个图形库。当需要某个图形时，就将其插入图，可以避免许多重复性工作。

（2）便于修改图形。对于一个多次插入同一图块的图形，只需修改其中一个图块，图中所有引用该块的地方即可自动更新。

（3）便于编辑图形。与对选定的所有对象进行操作相比，使用图块可以更快地插入、旋转、缩放、移动和复制块图形。

（4）可以携带属性。块可以携带文本信息，即属性。每次插入块时，可以改变这些文本信息，从而得到不同的文本内容。

（5）可以减小图形文件占用空间。插入多个块与复制对象几何图形相比，可以减小图形文件占用空间。

7.1.2 定义块

使用块前，必须定义块。块定义中的所有块信息（包括其几何图形、图层、颜色、线型和块属性对象）均作为非图形信息存储在图形文件中。插入的每个块都是对块定义的块参照，简称块。定义块的前提是预先绘制组成块的图形，然后将这些对象定义成块。

1. 定义块的方式

（1）命令：BLOCK 或 B。

（2）菜单栏：选择"绘图"→"块"→"创建"命令。

（3）面板：单击"默认"→"块"→"创建"按钮 。

（4）面板：单击"插入"→"块定义"→"创建块"按钮 。

2. 定义块的方法和步骤

第一步　激活"块定义"对话框，如图 7.1 所示。

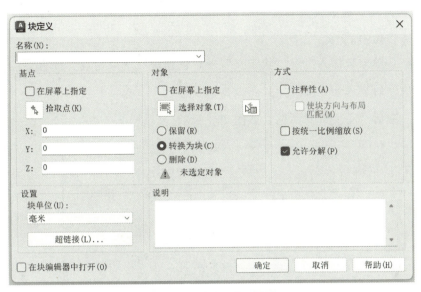

图 7.1 "块定义"对话框

第二步 在"名称"编辑框中输入块名称。

第三步 在"基点"选项区单击"拾取点"按钮,对话框暂时消失,指定插入基点,自动返回"块定义"对话框。

第四步 在"对象"选项区单击"选择对象"按钮,对话框暂时消失,选取构成块的对象。

第五步 单击"确定"按钮,完成块定义。

若选中"对象"选项区中的"保留"单选项,则定义块后,被选中的对象仍保留在当前图形中;若选中"转换为块"单选项,则定义块后,被选中的对象转换成一个图块;若选中"删除"单选项,则定义块后,被选中的对象在屏幕中消失,此时若希望保留原对象,则只需执行 OOPS 命令(输入 OOPS 并按 Enter 键)即可。建议在定义块时选择"保留"单选项。

【例 7 - 1】 门块的定义,如图 7.2 所示。

图 7.2 门块的定义

例7-1

7.1.3 保存块

以上定义的图块只在图块所在的当前图形文件中使用,不便于被其他图形文件引用。要使图块成为公共图块,可使用"写块"命令将图块或对象单独保存到一个图形文件(.dwg)中。

1. 激活"写块"的方式

（1）命令：WBLOCK。

（2）面板：单击"插入"→"块定义"→"创建块"→"写块"按钮 。

2. "写块"的方法和步骤

第一步　激活"写块"对话框，如图 7.3 所示。

图 7.3　"写块"对话框

第二步　在"文件名和路径"文本框中输入要存盘的块文件的名称及路径。可以单击 按钮，浏览指定块文件的保存路径。

第三步　在"源"选项区确定块的定义范围。其中，"块"是指以前定义过的但还没有保存的块，若没有定义过块，则该单选项不能使用；"整个图形"是指当前已绘制的图形；"对象"是指通过选择部分对象来组成块。

第四步　"基点"选项区、"对象"选项区的意义与"块定义"对话框中的相同。若选中"源"选项区中的"块"单选项，则"基点"选项区和"对象"选项区不能使用，因为以前定义块时已经确定了插入基点和构成图块的对象。

第五步　单击"确定"按钮，完成块的存盘。

7.1.4　插入块

1. 可以插入块的源

（1）当前图形中定义的块。

（2）作为块插入当前图形的其他图形文件。

（3）其他图形文件中定义的块，可以插入当前图形。

2. 插入块的方法

（1）使用功能区库插入块。

当有要快速插入的少量块时，可以使用功能区库插入块，激活方式有以下两种。

① 面板：单击"默认"→"块"→"插入"按钮。

② 面板：单击"插入"→"块"→"插入"按钮。

单击功能区"块"面板中的"插入"按钮，显示当前图形中块定义的库（该库显示当前图形中的所有块定义），如图 7.4 所示。单击功能区库中的块指定插入点，即可将对应的块放置到当前图形文件中。

（2）使用"块"选项板插入块。

当在图形中使用适当数量的块时，"块"选项板可以提供快速访问。

① 命令：INSERT 或 BLOCKSPALETTE。

② 面板：单击"默认"→"块"→"插入"→"最近使用的块"/"收藏块"/"库中的块"命令。

具体步骤如下。

a. 激活"块"选项板，如图 7.5 所示。

图 7.4　功能区库　　　　图 7.5　"块"选项板

b. 根据块源位置，在"块"选项板中选择"最近使用的项目"或"当前图形"选项卡，选择要插入的块名。如果要插入的块不在当前图形文件中（如存盘块），则单击"块"选项板右上方的按钮，选择要插入的块所在的路径及名称。

c. 勾选"插入点"复选框，以便在插入块时用光标在屏幕上指定插入点；分别在"比例"和"旋转"两个选项区中指定比例和旋转角度，默认的缩放比例为 1，默认的旋转角度为 0°。

d. 如果需要重复放置，则勾选"重复放置"复选框。

e. 如果要将块中的对象作为多个独立的对象而不是单个块插入，则勾选"分解"复选框。

f. 单击要插入的图块，在绘图区等待指定插入点，在所需位置单击即完成图块的插入。通常利用对象捕捉来确定插入点。

（3）使用"工具选项板"面板（图7.6）插入块。

"工具选项板"面板专为使用各种块的情况设计，有许多选项卡，可以为相关块和专业工具集创建自定义选项卡。将块工具拖动到图形中或单击块工具后指定插入点，可以从"工具选项板"窗口插入块。

弹出"工具选项板"面板有以下3种方式。

① 命令：TOOLPALETTES。

② 菜单栏：单击"工具"→"选项板"→"工具选项板"按钮 。

③ 面板：单击"视图"→"选项板"→"工具选项板"按钮 。

（4）使用"设计中心"面板（图7.7）插入块。

"设计中心"面板中包含机械、建筑、电子、管道等行业中经常使用的图块。首先在打开的窗口中右击所需图块，然后在弹出的快捷菜单中选择"插入块"选项，接着在弹出的"插入"对话框中分别设置X、Y、Z轴方向的比例，最后在绘图区单击指定插入位置。

图 7.6 "工具选项板"面板

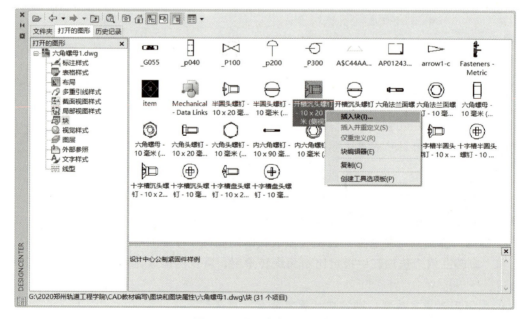

图 7.7 "设计中心"面板

弹出"设计中心"面板有以下 3 种方式。

① 命令：ADCENTER 或 DESIGNCENTER。

② 菜单栏：单击"工具"→"选项板"→"设计中心"按钮。

③ 面板：单击"视图"→"选项板"→"设计中心"按钮。

【例 7 - 2】 门块的插入，如图 7.8 所示。

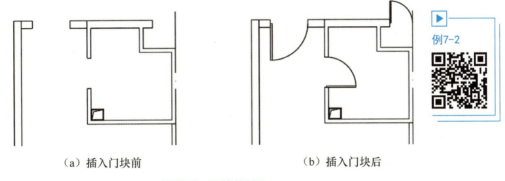

（a）插入门块前　　　　　　　　　　（b）插入门块后

图 7.8　门块的插入

7.1.5　块的编辑与修改

将块插入图形后，其表现为一个整体，我们可以对这个整体进行删除、复制、镜像、旋转等操作，但是不能直接对组成块的对象进行操作，即不能直接修改块在库中的定义。块的编辑与修改有以下 3 种方式。

1. 块的分解＋重新定义

（1）使用"分解"命令可以将块由一个整体分解成组成块的原始对象，然后对这些对象进行修改。

激活"分解"命令的方式：单击"默认"→"修改"→"分解"按钮。

执行"分解"命令后，在命令行提示下选择需要分解的块，选择完毕后按 Enter 键，块被分解成零散的对象，可以对这些对象进行编辑。只有在创建块时勾选"块定义"对话框中的"允许分解"复选框，才能分解块。

（2）块的重新定义。对分解后的块的编辑仅停留在图形上，并不改变块的定义。要使插入的块发生变化，可将编辑修改后的对象重新定义成同名块，从而修改块的定义，再次插入这个块时会变成新定义的块。

重新定义块常用于成批修改一个块。例如，在图形中某个图块被插入很多次，后来发现这个块的图形并不符合要求，需要全部变成另一种样式，此时只要将其中一个块分解，并对分解后的图形进行编辑修改，然后以原来的基点和名称重新定义块，图形中的全部同名块就会被修改成新的样式。

重新定义块与创建块的过程相同，只是在选择块名时可以选择"名称"下拉列表中的已有块名。

2. 在位编辑块

在位编辑块是指在原来图形位置上进行编辑，不必分解块就可以直接对它进行修改，而且不必考虑插入点的位置。

激活"在位编辑块"命令有以下两种方式。

(1) 命令：REFEDIT。

(2) 右击要编辑的块，在弹出的快捷菜单中选择"在位编辑块"选项。

3. 使用块编辑器编辑

激活"块编辑器"命令有以下两种方式。

(1) 命令：BEDIT。

(2) 双击要编辑的块。

弹出"编辑块定义"对话框，选择要编辑的块，单击"确定"按钮，弹出"块编辑器"对话框，编辑与修改图形，然后单击"打开/保存"→"保存块"按钮 以保存修改。

【例 7-3】 门块的修改，如图 7.9 所示。

(a) 修改前　　　　(b) 修改后

图 7.9　门块的修改

7.2　图块属性

7.2.1　属性的概念及特点

1. 属性的概念

属性是从属于块的文本信息。如果某个图块带有属性，那么用户插入图块时，可根据具体情况通过属性为图块设置不同的文本对象。

2. 属性的特点

(1) 属性包含属性标记和属性值两方面内容。

(2) 在定义带属性的块之前要定义属性，即规定属性标记、属性提示、属性默认值、属性的可见性、属性在图形中的位置等。定义属性后，在图形中显示其标记，并保留有关信息。

(3) 插入块时，系统用属性提示要求用户输入属性值。因此，插入同一个块时，该块可以有不同的属性值。

(4) 插入块后，可以使用 ATTEDIT（或 TEXTEDIT）命令修改属性值。

7.2.2 属性的定义

1. 激活"定义属性"命令

（1）命令行：ATTDEF。

（2）菜单栏：单击"绘图"→"块"→"定义属性"按钮 。

（3）面板：单击"插入"→"块定义"→"定义属性"按钮 。

2. "定义属性"执行过程

激活"定义属性"命令后，弹出"属性定义"对话框，如图7.10所示。

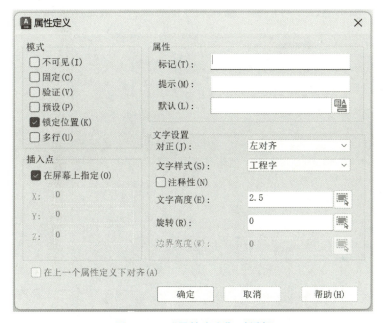

图7.10　"属性定义"对话框

"属性定义"对话框中的选项功能如下。

（1）模式：确定插入块后属性的可见性、属性是常量还是变量、插入时是否验证属性值的正确性、是否采用默认值、是否锁定属性在块中的位置、属性文本是否为带格式的多行文字。一般情况下，"模式"选项区采用默认值。

（2）属性：确定属性的标记、提示、默认值。直接在相应文本框中输入即可，默认值可以为空。

（3）插入点：指定属性在块中的位置。一般勾选"在屏幕上指定"复选框，这样单击"确定"按钮后可以在绘图区直接指定插入点。

（4）文字设置：规定文字的对正方式、文字样式、注释性、文字高度、旋转角度、边界宽度。

（5）在上一个属性定义下对齐：表示该属性采用上一个属性的字体、文字高度及旋转角度，且与上一个属性对齐。若未定义过属性，则该复选框不可用。

【例 7-4】 块属性的定义，如图 7.11 所示。

图 7.11　块属性的定义

7.2.3　插入一个带属性的块

插入一个带有属性的块与插入不带属性的块基本相同，只是在确定插入点后弹出图 7.12 所示的"编辑属性"对话框，输入属性值后单击"确定"按钮。

图 7.12　"编辑属性"对话框

7.2.4　编辑属性

1. 编辑属性定义

在组成图块前，可以使用 TEXTEDIT 命令修改属性定义。激活 TEXTEDIT 命令有以下 3 种方式。

（1）命令：TEXTEDIT。

（2）双击属性文字。

（3）菜单栏：单击"修改"→"对象"→"文字"→"编辑"按钮 。

修改属性定义的步骤如下：

第一步　激活 TEXTEDIT 命令。

第二步 拾取要修改的属性标记，弹出"编辑属性定义"对话框，如图 7.13 所示。

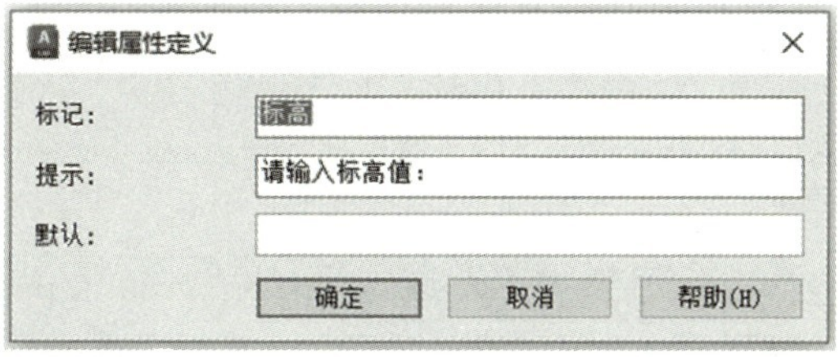

图 7.13 "编辑属性定义"对话框

第三步 在"编辑属性定义"对话框中指定和修改标记、提示和默认值，单击"确定"按钮。

2. 编辑附着在块中的属性

插入块之后属性的编辑命令是 EATTEDIT，激活 EATTEDIT 命令有以下 4 种方式。
（1）命令：EATTEDIT 或 TEXTEDIT。
（2）双击附带属性的块。
（3）菜单栏：选择"修改"→"对象"→"属性"→"单个"命令。
（4）面板：单击"默认"/"插入"→"块"→"编辑属性"按钮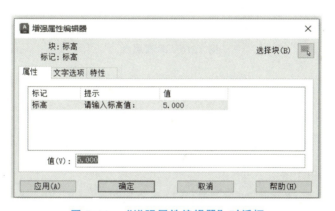。
编辑附着在块中的属性的步骤如下。
第一步 激活 EATTEDIT 命令，弹出"增强属性编辑器"对话框，如图 7.14 所示。

图 7.14 "增强属性编辑器"对话框

第二步 选择"属性"选项卡，可以修改属性值；选择"文字选项"选项卡，可以修改文字样式、对正方式、文字高度、宽度比例、旋转角度等；选择"特性"选项卡，可以修改文字的图层、线型、颜色、线宽等。
第三步 修改完毕后，单击"确定"按钮。

3. 调整属性提示的显示顺序

激活 BATTMAN 命令的方式如下。
（1）命令：BATTMAN。
（2）菜单栏：选择"修改"→"对象"→"属性"→"块属性管理器"命令。

（3）面板：单击"默认"→"块"→"块属性管理器"按钮 。

激活 BATTMAN 命令，弹出"块属性管理器"对话框，如图 7.15 所示，调整属性提示的显示顺序。

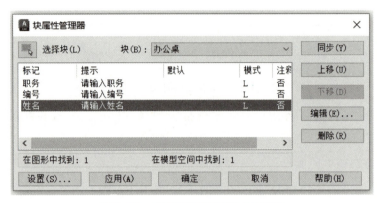

图 7.15 "块属性管理器"对话框

【例 7-5】 编辑属性，如图 7.16 所示。

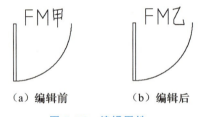

（a）编辑前　　　（b）编辑后

图 7.16 编辑属性

7.2.5 控制属性的可见性

可以改变属性的显示状态（可见或不可见）。

1. 激活"控制属性"命令的方式

（1）命令：ATTDISP。

（2）菜单栏：选择"视图"→"显示"→"属性显示"→"普通"/"开"/"关"命令。

2. "控制属性"命令执行过程

输入属性的可见性设置［普通（N）/开（ON）/关（OFF）］＜当前值＞（只需输入所需选项）。

其他选项的含义如下。

普通（N）：恢复原定义状态。

开（ON）：所有属性均可见。

关（OFF）：所有属性均不可见。

练 习 题

1. 在制图练习中，可以使用简化标题栏。按照图 7.17 给定样式绘制简化标题栏，并将该标题栏定义为带有属性的块。

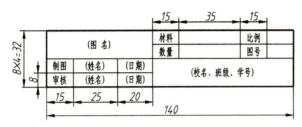

图 7.17　简化标题栏

2. 测量教室门的尺寸，绘制该门并将其定义为带有属性的块。

第 8 章 三维绘图

知识要求	能力要求	相关知识
切换工作空间	了解切换工作空间	切换工作空间
三维建模基础	了解三维建模类型； 熟悉设置三维视图显示； 熟悉视口设置	三维建模类型； 设置三维视图显示； 视口设置
创建三维实体模型	熟悉建立用户坐标系； 熟悉创建基本实体模型； 熟悉通过二维对象创建三维实体； 熟悉通过布尔运算创建三维实体	建立用户坐标系； 创建基本实体模型； 通过二维对象创建三维实体； 通过布尔运算创建三维实体
编辑三维实体对象	熟悉倒角边； 熟悉圆角边； 熟悉剖切实体； 熟悉截面； 熟悉拉伸实体面； 熟悉移动实体面； 熟悉三维旋转	倒角边； 圆角边； 剖切实体； 截面； 拉伸实体的面； 移动实体面； 三维旋转
三维模型的显示效果	熟悉消隐； 熟悉视觉样式	消隐； 视觉样式
利用三维实体生成视图和剖视图	熟悉三维实体模型生成视图和剖视图	三维实体模型生成视图和剖视图

AutoCAD 不仅可以绘制平面图形，还可以创建更直观的三维模型。

8.1 切换工作空间

要创建三维模型，首先必须将工作空间切换到"三维建模"空间，即在快速访问工具栏中单击"工作空间"→"三维建模"命令，如图 8.1 所示。

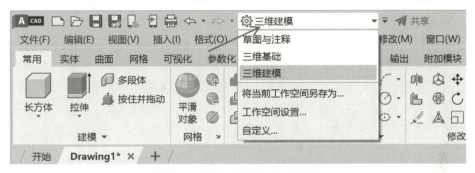

图 8.1 选择"三维建模"命令

8.2 三维建模基础

8.2.1 三维建模类型

AutoCAD 提供了 4 种三维建模类型，如图 8.2 所示。每种三维建模技术都有不同的功能集。

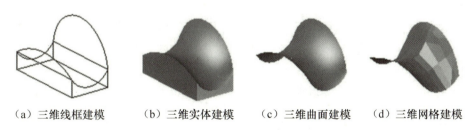

（a）三维线框建模　　（b）三维实体建模　　（c）三维曲面建模　　（d）三维网格建模

图 8.2 三维建模类型

（1）三维线框建模，对初始设计迭代非常有用。
（2）三维实体建模，不但能高效使用、易合并图元和拉伸的轮廓，而且能提供质量特性和截面功能。
（3）三维曲面建模，可精确地控制曲面，从而精确地操纵和分析。
（4）三维网格建模，提供自由形式雕刻、锐化和平滑处理功能。

8.2.2 设置三维视图显示

绘制二维图形时，绘图工作都是在 XY 平面上进行的，不需要改变视图的视点。但绘制三维图形时，一个方向往往不能满足观察物体各部位的需要，通常需要变换视点方向，从不同的视角观察物体。设置三维视图显示有下面 5 种方式。

1. 利用对话框设置视点

激活"视点预设"命令有以下两种方式。

（1）命令：VPOINT。

（2）菜单栏：单击"视图"→"三维视图"→"视点预设"按钮。

激活"视点预设"命令后，弹出"视点预设"对话框，如图 8.3 所示，左侧图形用于确定视点和原点的连线在 XY 平面的投影与 X 轴正方向的夹角；右侧图形用于确定视点和原点的连线与其在 XY 平面的投影的夹角。"设置为平面视图"按钮用于将三维视图设置为平面视图。设置视点的角度后，单击"确定"按钮，屏幕窗口即显示调整后的视图。

2. 用罗盘设置视点

激活"视点"命令的方式：在菜单栏单击"视图"→"三维视图"→"视点"按钮，窗口出现罗盘和三轴架，如图 8.4 所示。

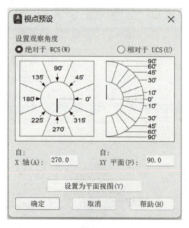
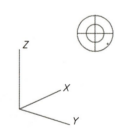

图 8.3 "视点预设"对话框　　图 8.4 罗盘和三轴架

罗盘是以二维显示的地球仪，它的中心是北极 (0,0,1)，相当于视点位于 Z 轴正方向；内部圆环为赤道 (N,N,0)；外部圆环为南极 (0,0,−1)，相当于视点位于 Z 轴负方向。

在图形中，罗盘相当于球体的俯视图，"十"字光标表示视点位置。确定视点时，拖动鼠标，使光标在坐标球移动时，三轴架的 X、Y 轴绕 Z 轴转动。三轴架转动的角度与光标在坐标球上的位置对应。光标在坐标球的位置不同，对应的视点也不同。当光标位于内部圆环中时，相当于视点在球体的上半球；当光标位于内部圆环与外部圆环之间时，相当于视点在球体的下半球。用户根据需要确定视点的位置后按 Enter 键，视口中显示与该视点对应的三维视图。

3. 设置 UCS 平面视图

通过设置不同方向的平面视图观察模型有以下两种方式。

（1）命令：PLAN。

（2）菜单栏：选择"视图"→"三维视图"→"平面视图"→"当前 UCS"/"世界 UCS"/"命名 UCS"命令。

当前 UCS（C）：生成当前 UCS 中的平面视图，使视图在当前视口中以最大方式显示。

世界 UCS（W）：生成相对于 WCS 的平面视图，图形以最大方式显示。

命名 UCS（U）：从当前 UCS 转换到以前命名保存的 UCS 并生成平面视图。

如果设置了相对于当前 UCS 的平面视图，就可以在当前视图中用绘制二维图形的方法，在三维对象的相应面上绘制图形。

4. 使用特殊视点对应的视图

通过设置不同方向的预设标准视图观察模型有以下 6 种方式。

（1）命令：VIEW［弹出"视图管理器"对话框（图 8.5）进行设置］。

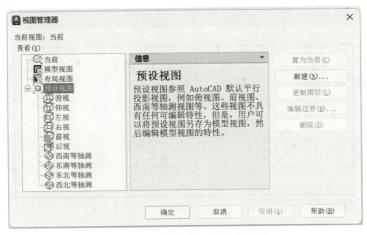

图 8.5 "视图管理器"对话框

（2）菜单栏：单击"视图"→"三维视图"→"俯视"/"仰视"/"左视"/"右视"/"前视"/"后视"/"西南等轴测"/"东南等轴测"/"东北等轴测"/"西北等轴测"命令。

（3）面板：单击"常用"→"视图"→"未保存的视图"选项。

（4）面板：单击"可视化"→"命名视图"→"未保存的视图"选项。

（5）单击视口左上角的"视图控件"按钮。

（6）单击 ViewCube 的角、边、面。

5. 交互式三维视图

AutoCAD 提供了具有交互控制功能的三维动态观测器，可以实时控制和改变在当前视口中创建的三维视图，以得到期望的效果。三维动态观测器围绕目标移动，目标点暂时显示为一个小的球体，当相机位置（或视点）移动时，视图的目标保持静止。

激活"交互式三维视图"命令有以下3种方式。

（1）命令：3DORBIT。

（2）菜单栏：选择"视图"→"动态观察"→"受约束的动态观察"/"自由动态观察"/"连续动态观察"命令。

（3）单击导航栏的"动态观察"按钮，如图8.6所示。

图 8.6　单击导航栏的"动态观察"按钮

8.2.3　视口设置

视口是观察视图的窗口。在模型空间中，可以将绘图区拆分成一个或多个相邻的矩形视图，称为模型空间视口。每个视口都可以显示同一模型在不同视点下的视图。当前活动视口（视口边界突出）只有一个。在图8.7中的4个视口中，左上角为前视图，左下角为俯视图，右上角为左视图，右下角为西南等轴测视图。

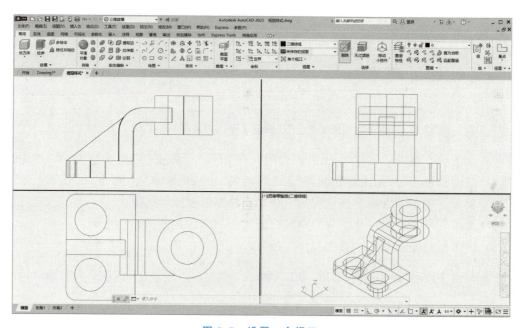

图 8.7　设置4个视口

激活"视口"命令有以下 4 种方式。
（1）命令：VPORTS。
（2）菜单栏：单击"视图"→"视口"选项。
（3）面板：单击"可视化"→"模型视口"→"视口配置"选项。
（4）单击视口左上角的"视口控件"→"视口配置列表"选项。
激活"视口"命令后，弹出"视口"对话框，如图 8.8 所示，可以进行相应设置。

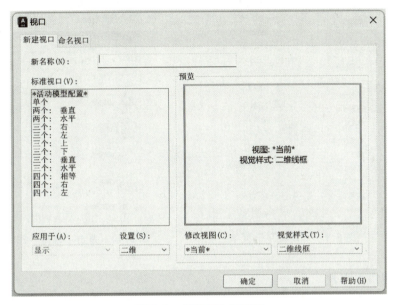

图 8.8　"视口"对话框

8.3　创建三维实体模型

三维实体模型是三维图形中的重要部分，它具有实体特征，即其内部是实心的，用户可以对三维实体进行打孔、切割、挖槽、倒角、布尔运算等操作，从而形成具有实际意义的物体。在实际的三维绘图工作中，三维实体建模较常见。

创建三维实体模型有以下 3 种基本方法。

（1）利用系统提供的绘制基本实体的相关命令，直接输入基本实体的控制尺寸，系统自动生成三维实体模型。

（2）利用拉伸、旋转、扫掠或放样二维闭合对象等方式生成三维实体模型。

（3）对方法（1）和方法（2）中创建的实体进行并集、差集、交集、布尔运算等，得到更加复杂的形体。

在对实体进行消隐、着色、渲染之前，实体以线框方式显示。系统变量 ISOLINES 用于控制以线框显示时曲面的素线数目；系统变量 FACETRES 用于调整消隐和渲染时的平滑度，其值越大，实体表面越平滑。

创建实体模型有以下 3 种方式。

(1) 命令：BOX、SPHERE 或 CYLINDER。

(2) 菜单栏：单击"绘图"→"建模"选项，弹出"建模"子菜单，如图 8.9 所示。

(3) 面板：单击"常用"→"建模"按钮，如图 8.10 所示。

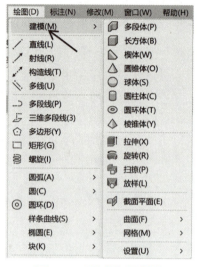

图 8.9 "建模"子菜单

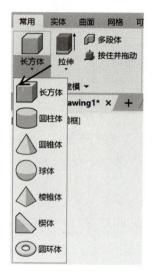

图 8.10 单击"建模"按钮

8.3.1 建立用户坐标系

1. 用户坐标系的概念

AutoCAD 通常是在基于 XY 坐标平面上绘图的，这个 XY 坐标平面称为构造平面。AutoCAD 初始设置的坐标系，其构造平面平行于水平面，在二维环境中绘图只改变坐标原点的位置，而不改变构造平面的位置。但在三维环境下绘制三维图形时，经常需要在除水平面外的其他平面上绘图，若仍然保持原来的构造平面，则绘图将十分不便。用户可以根据绘图需要建立坐标系，称为用户坐标系（user coordinate system，UCS）。

2. 定义用户坐标系

定义用户坐标系用于改变坐标系原点以及 XY 坐标平面（构造平面）的位置和坐标轴的方向。在三维空间中，可以改变用户坐标系原点以及 XY 坐标平面的位置和坐标轴的方向，也可以定义、保存和调用多个用户坐标系。

激活 UCS 命令有以下 4 种方式。

(1) 命令：UCS。

(2) 菜单栏：单击"工具"→"新建 UCS"→"世界"/"上一个"/"面"/"对象"/"视图"/"原点"/"Z 轴矢量"/"三点"/"X"/"Y"/"Z"选项，如图 8.11 所示。

(3) 面板：单击"常用"→"坐标"面板，如图 8.12 所示。

(4) 面板：单击"可视化"→"坐标"面板。

三维绘图 第8章

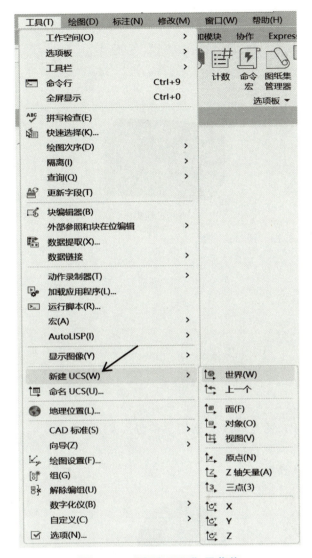

图 8.11 "新建 UCS"子菜单

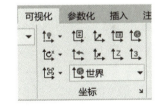

图 8.12 "坐标"面板

8.3.2 创建基本实体模型

三维基本实体包括长方体、球体、圆柱体、圆锥体、圆环体、棱锥体、楔体等。下面分别介绍这些基本实体的绘制方法。

1. 长方体

长方体由底面的两个对角顶点和长方体的高度定义。

(1) 激活"长方体"命令的方式。

① 命令：BOX。

② 菜单栏：单击"绘图"→"建模"→"长方体"命令。

③ 面板：单击"常用"→"建模"→"长方体"按钮 ▭。

135

(2)"长方体"命令执行过程。

第一步　指定第一个角点或［中心（C）］。

第二步　指定其他角点或［立方体（C）/长度（L）］。

第三步　指定高度或［两点（2P）］。

【例8-1】　绘制长方体，如图8.13所示。

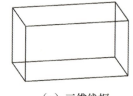

（a）三维线框　　　　　　（b）三维实体

图8.13　绘制长方体

2. 球体

球体由球心的位置及半径或直径定义。

(1) 激活"球体"命令的方式。

① 命令：SPHERE。

② 菜单栏：单击"绘图"→"建模"→"球体"命令。

③ 面板：单击"常用"→"建模"→"球体"按钮○。

(2) "球体"命令执行过程。

第一步　指定中心点或［三点（3P）/两点（2P）/相切、相切、半径（T）］。

第二步　指定半径或［直径（D）］＜默认值＞。

【例8-2】　绘制球体，如图8.14所示。

（a）三维线框　　　　　　（b）三维实体

图8.14　绘制球体

3. 圆柱体

圆柱体由底圆中心、半径（或直径）和圆柱的高度确定。

(1) 激活"圆柱体"命令的方式。

① 命令：CYLINDER。

② 菜单栏：单击"绘图"→"建模"→"圆柱体"命令。

③ 面板：单击"常用"→"建模"→"圆柱体"按钮。

(2) "圆柱体"命令执行过程。

第一步　指定底面的中心点或［三点（3P）/两点（2P）/相切、相切、半径（T）/椭圆（E）］。

第二步　指定底面半径或［直径（D）］＜默认值＞。

第三步　指定高度或［两点（2P）/轴端点（A）］＜默认值＞。

【例 8-3】　绘制圆柱体，如图 8.15 所示。

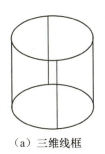
（a）三维线框

（b）三维实体

图 8.15　绘制圆柱体

4. 圆锥体

圆锥体由底圆中心、半径（或直径）和圆锥的高度确定。

(1) 激活"圆锥体"命令的方式。

① 命令：CONE。

② 菜单栏：单击"绘图"→"建模"→"圆锥体"命令。

③ 面板：单击"常用"→"建模"→"圆锥体"按钮△。

(2)"圆锥体"命令执行过程。

第一步　指定底面的中心点或［三点（3P）/两点（2P）/相切、相切、半径（T）/椭圆（E）］。

第二步　指定底面半径或［直径（D）］＜默认值＞。

第三步　指定高度或［两点（2P）/轴端点（A）/顶面半径（T）］＜默认值＞。

【例 8-4】　绘制圆锥体，如图 8.16 所示。

（a）三维线框

（b）三维实体

图 8.16　绘制圆锥体

5. 圆环体

圆环体由圆环中心、圆环直径（或半径）和圆管直径（或半径）确定。

(1) 激活"圆环体"命令的方式。

① 命令：TORUS。

② 菜单栏：单击"绘图"→"建模"→"圆环体"命令。

③ 面板：单击"常用"→"建模"→"圆环体"按钮 ◎。

(2) "圆环体"命令执行过程。

第一步　指定中心点或［三点（3P）/两点（2P）/相切、相切、半径（T）］。

第二步　指定半径或［直径（D）］＜默认值＞。

第三步　指定圆管半径或［两点（2P）/直径（D）］。

【例 8-5】　绘制圆环体，如图 8.17 所示。

（a）三维线框　　　　　（b）三维实体

图 8.17　绘制圆环体

6. 棱锥体

棱锥体由棱面数、底面中心、底面多边形外接圆（或内切圆）的半径、高度确定。

(1) 激活"棱锥体"命令的方式。

① 命令：PYRAMID。

② 菜单栏：单击"绘图"→"建模"→"棱锥体"命令。

③ 面板：单击"常用"→"建模"面板→"棱锥体"按钮 △。

(2) "棱锥体"命令执行过程。

第一步　指定底面的中心点或［边（E）/侧面（S）］。

第二步　输入侧面数＜4＞。

第三步　指定底面的中心点或［边（E）/侧面（S）］。

第四步　指定底面半径或［外切（C）］＜默认外接圆半径值＞。

第五步　指定高度或［两点（2P）/轴端点（A）/顶面半径（T）］＜默认高度值＞。

【例 8-6】　绘制棱锥体，如图 8.18 所示。

（a）三维线框　　　　　（b）三维实体

图 8.18　绘制棱锥体

7. 楔体

楔体由底面的一对对角顶点和楔体的高度确定，其斜面正对着第一角点，底面位于用户坐标系的 XY 坐标平面上，与底面垂直的四边形通过第一个角点且平行于用户坐标系的 YZ 坐标平面。

(1) 激活"楔体"命令的方式。

① 命令：WEDGE。

② 菜单栏：单击"绘图"→"建模"→"楔体"命令。

③ 面板：单击"常用"→"建模"→"楔体"按钮 。

(2) "楔体"命令执行过程。

第一步　指定第一个角点或［中心（C）］。

第二步　指定其他角点或［立方体（C）/长度（L）］。

第三步　指定高度或［两点（2P）］＜默认值＞。

【例 8-7】　绘制楔体，如图 8.19 所示。

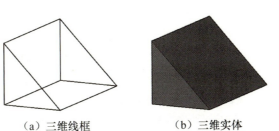

（a）三维线框　　　　（b）三维实体

图 8.19　绘制楔体

8.3.3　通过二维对象创建三维实体

1. 拉伸

将封闭的二维多段线、多边形、圆、椭圆等对象沿某指定路径拉伸，可以得到三维实体。在拉伸过程中，不但可以指定拉伸高度，而且可以使截面沿拉伸方向发生变化。

(1) 激活"拉伸"命令的方式。

① 命令：EXTRUDE。

② 菜单栏：单击"绘图"→"建模"→"拉伸"命令。

③ 面板：单击"常用"→"建模"→"拉伸"按钮 。

(2) "拉伸"命令执行过程。

第一步　在当前用户坐标系的 XY 坐标平面上绘制封闭的二维多段线（或圆、多边形、椭圆等对象）。

第二步　激活"拉伸"命令。命令行提示如下内容。

当前线框密度：ISOLINES＝4，闭合轮廓创建模式＝实体。

第三步　选择要拉伸的对象或［模式（MO）］(选择要拉伸的对象，按 Enter 键)。

第四步　指定拉伸的高度或［方向（D）/路径（P）/倾斜角（T）/表达式（E）］＜默认值＞。

输入拉伸高度后按 Enter 键，即可生成三维实体。

【例 8-8】 用拉伸生成三维实体，如图 8.20 所示。

(a) 拉伸前　　　　　(b) 拉伸后　　　　　(c) 三维实体

图 8.20　用拉伸生成三维实体

2. 旋转

将封闭的二维对象绕与平面且不相交的轴旋转形成三维实体。旋转生成三维实体的二维对象可以是圆、椭圆、闭合的二维多段线。

(1) 激活"旋转"命令的方式。

① 命令：REVOLVE。

② 菜单栏：单击"绘图"→"建模"→"旋转"命令。

③ 面板：单击"常用"→"建模"→"旋转"按钮。

(2) "旋转"命令执行过程。

为使旋转轴平行于正立面，需改变视点，步骤如下。

第一步　单击菜单栏"视图"→"三维视图"→"前视"命令，此时用户坐标系的 XY 坐标平面与正立面平行（但看到的是向正立面投影的二维图形）。

第二步　在当前用户坐标系的 XY 坐标平面上用二维多段线绘制闭合的二维图形和旋转轴。

第三步　激活"旋转"命令。命令行提示如下内容。

当前线框密度：ISOLINES＝4,闭合轮廓创建模式＝实体

选择要旋转的对象或［模式(MO)］:(拾取要旋转的对象,按 Enter 键)

第四步　指定轴起点或根据以下选项之一定义轴 ［对象(O)/X/Y/Z］＜对象＞。

第五步　指定旋转角度或［起点角度（ST)/反转（R)/表达式（EX)］＜360＞。

第六步　单击菜单栏"视图"→"三维视图"→"西南等轴测"命令，图形窗口显示轴测图的三维线框模型。

第七步　单击菜单栏"视图"→"消隐"命令，显示消隐后的轴测图。

【例 8-9】 用旋转生成三维实体，如图 8.21 所示。

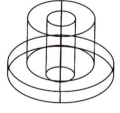

(a) 旋转前　　　　　(b) 旋转后　　　　　(c) 三维实体

图 8.21　用旋转生成三维实体

3. 扫掠

将封闭的二维对象沿指定二维路径或三维路径扫掠形成三维实体。扫掠生成三维实体的二维对象可以是圆、椭圆、闭合的二维多段线。

(1) 激活"扫掠"命令的方式。

① 命令：SWEEP。

② 菜单栏：单击"绘图"→"建模"→"扫掠"命令。

③ 面板：单击"常用"→"建模"→"扫掠"按钮。

(2) "扫掠"命令执行过程。

第一步　在当前用户坐标系的 XY 坐标平面上绘制闭合的二维图形，并绘制三维扫掠路径。

第二步　激活"扫掠"命令。命令行提示如下内容。

当前线框密度：ISOLINES＝4，闭合轮廓创建模式＝实体

第三步　选择要扫掠的对象或 [模式 (MO)]。

第四步　闭合轮廓创建模式 [实体 (SO)/曲面 (SU)] ＜实体＞。

第五步　选择要扫掠的对象或 [模式 (MO)]（拾取要扫掠的二维图形，按 Enter 键）。

第六步　选择扫掠路径或 [对齐 (A)/基点 (B)/比例 (S)/扭曲 (T)]。

【例 8－10】　用扫掠生成三维实体，如图 8.22 所示。

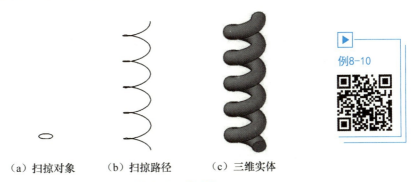

(a) 扫掠对象　　(b) 扫掠路径　　(c) 三维实体

图 8.22　用扫掠生成三维实体

4. 放样

可通过在包含两个或两个以上横截面轮廓的一组轮廓中对轮廓进行放样来创建三维实体。

(1) 激活"放样"命令的方式。

① 命令：LOFT。

② 菜单栏：单击"绘图"→"建模"→"放样"命令。

③ 面板：单击"常用"→"建模"→"放样"按钮。

(2) "放样"命令执行过程。

第一步　在三维空间绘制闭合的二维图形（假如有 3 个）。

第二步　激活"放样"命令。命令行提示如下内容。

当前线框密度：ISOLINES＝4，闭合轮廓创建模式＝实体

第三步　按放样次序选择横截面或［点（PO）/合并多条边（J）/模式（MO）］。
第四步　闭合轮廓创建模式［实体（SO）/曲面（SU）］＜实体＞。
第五步　按放样次序选择横截面或［点(PO)/合并多条边(J)/模式(MO)］(选择1个)。
第六步　按放样次序选择横截面或［点(PO)/合并多条边(J)/模式(MO)］(选择2个)。
第七步　按放样次序选择横截面或［点（PO）/合并多条边（J）/模式（MO）］（选择3个，按Enter键）。
第八步　输入选项［导向（G）/路径（P）/仅横截面（C）/设置（S）］＜仅横截面＞（按Enter键取默认值完成作图）。
第九步　单击菜单栏"视图"→"消隐"命令，显示消隐后的轴测图。

【例8-11】　用放样创建三维实体，如图8.23所示。

例8-11

（a）放样前

（b）放样后

（c）三维实体

图8.23　用放样创建三维实体

5. 按住并拖动

按住并拖动二维闭合边界或三维实体的面来拉伸或偏移实体。

（1）激活"按住并拖动"命令的方式。

① 命令：PRESSPULL。

② 面板：单击"常用"→"建模"→"按住并拖动"按钮 。

（2）"按住并拖动"命令执行过程。

第一步　在三维空间分别绘制闭合的二维图形和三维实体。
第二步　激活"按住并拖动"命令，命令行提示"选择对象或边界区域："。
第三步　指定拉伸高度或［多个（M）］（输入一个数值或拖动鼠标指定一个距离）。
第四步　选择对象或边界区域。
第五步　指定拉伸高度或［多个（M）］（输入一个数值或拖动鼠标指定一个距离）。
第六步　选择对象或边界区域（按Enter键）。

【例8-12】　用按住并拖动创建拉伸或偏移实体，如图8.24所示。

例8-12

（a）按住并拖动前

（b）按住并拖动前后

（c）三维实体

图8.24　用按住并拖动创建拉伸或偏移实体

8.3.4 通过布尔运算创建三维实体

在三维绘图中，复杂的实体往往不能一次生成，其一般都是由简单的基本体通过布尔运算组成的。布尔运算用于对多个三维实体进行求并、求差、求交运算，将其组合成用户所需实体。

AutoCAD 提供了并集、差集和交集三种布尔运算。

1. 并集

并集运算用于将两个或两个以上三维实体合并成一个三维实体。

(1) 激活"并集"命令的方式。

① 命令：UNION。

② 菜单栏：单击"修改"→"实体编辑"→"并集"命令。

③ 面板：单击"常用"→"实体编辑"→"并集"按钮 。

④ 面板：单击"实体"→"布尔值"→"并集"按钮 。

(2) "并集"命令执行过程。

选择对象：选择要进行合并的实体并按 Enter 键，完成合并操作。

【例 8-13】 用并集生成三维实体，如图 8.25 所示。

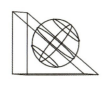
(a) 并集前

(b) 并集后

(c) 三维实体

例8-13

图 8.25 用并集生成三维实体

2. 差集

差集用于从一个实体中减去另一个（或多个）实体，从而生成一个新的实体。

(1) 激活"差集"命令的方式。

① 命令：SUBTRACT。

② 菜单栏：单击"修改"→"实体编辑"→"差集"命令。

③ 面板：单击"常用"→"实体编辑"→"差集"按钮 。

④ 面板：单击"实体"→"布尔值"→"差集"按钮 。

(2) "差集"命令执行过程。

第一步 选择对象（选择被减的实体，按 Enter 键）。

第二步 选择对象（选择要减去的实体，按 Enter 键）。

第三步 完成差集运算并消隐。

【例 8－14】 用差集生成三维实体，如图 8.26 所示。

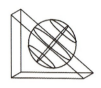
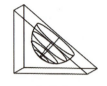

（a）差集前　　　　　　（b）差集后　　　　　　（c）三维实体

图 8.26　用差集生成三维实体

3．交集

交集运算用于使两个或两个以上三维实体的公共部分形成一个新的三维实体，而每个实体的非公共部分都会被删除。

（1）激活"交集"命令的方式。

① 命令：INTERSECT。

② 菜单栏：单击"修改"→"实体编辑"→"交集"命令。

③ 面板：单击"常用"→"实体编辑"→"交集"按钮。

④ 面板：单击"实体"→"布尔值"→"交集"按钮。

（2）"交集"命令执行过程。

第一步　选择对象（选择要进行交集运算的实体，按 Enter 键）。

第二步　经交集运算并消隐后，得到三维实体。

【例 8－15】 用交集生成三维实体，如图 8.27 所示。

（a）交集前　　　　　　（b）交集后　　　　　　（c）三维实体

图 8.27　用交集生成三维实体

8.4　编辑三维实体对象

用户可以对三维实体进行移动、旋转、阵列、镜像、倒角边、圆角边等操作，其中移动、旋转、阵列、镜像操作与二维图形类似。下面只介绍典型的编辑操作。

8.4.1　倒角边

使用"倒角边"命令可以对三维实体倒角，还可以切去实体的外角或填充实体的内角。

1. 激活"倒角边"命令的方式

(1) 命令：CHAMFEREDGE。

(2) 菜单栏：单击"修改"→"实体编辑"→"倒角边"命令。

(3) 面板：单击"实体"→"实体编辑"→"倒角边"按钮 ◈ 。

2. "倒角边"命令执行过程

距离1＝2.0000，距离2＝2.0000。

第一步　选择一条边或 ［环（L）/距离（D）］。

第二步　指定距离1或 ［表达式（E）］＜2.0000＞（指定位于基面上的倒角距离或按Enter键接受默认值）。

第三步　指定距离2或 ［表达式（E）］＜2.0000＞（指定倒角的另一个距离或按Enter键接受默认值）。

第四步　选择一条边或 ［环（L）/距离（D）］（选择要进行倒角的所有边，按Enter键完成倒角操作）。

第五步　选择环边或 ［边（E）/距离（D）］（按Enter键结束选择）。

第六步　输入选项 ［接受（A）/下一个（N）］＜接受＞（接受或依次选择）。

第七步　选择环边或 ［边（E）/距离（D）］（继续选择或按Enter键结束选择）。

第八步　按Enter键接受倒角或 ［距离（D）］（按Enter键结束倒角操作）。

若输入L并按Enter键，则可以选择围绕基面的整条边，系统自动选中基面上的所有边进行倒角处理。

【例8-16】　倒角边，如图8.28所示。

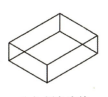 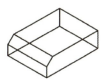  

　　(a) 倒角边前　　　　　(b) 倒角边后　　　　　(c) 三维实体

图8.28　倒角边

8.4.2　圆角边

使用"圆角边"命令可以对三维实体的凸边或凹边倒圆角。

1. 激活"圆角边"命令的方式

(1) 命令：FILLETEDGE。

(2) 菜单栏：单击"修改"→"实体编辑"→"圆角边"命令。

(3) 面板：单击"实体"→"实体编辑"→"圆角边"按钮 ◈ 。

2. "圆角边"命令执行过程

半径＝1.0000。

第一步　选择边或［链（C）/环（L）/半径（R）］。
第二步　输入圆角半径或［表达式（E）］<1.0000>。
第三步　选择边或［链（C）/环（L）/半径（R）］（选择要进行圆角的边）。
第四步　选择边或［链（C）/环（L）/半径（R）］（选择其他要进行圆角的边，按Enter键，选中的边被倒圆角）。
第五步　按Enter键接受圆角或［半径（R）］。

【例8-17】　圆角边，如图8.29所示。

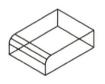

（a）圆角边前　　　　（b）圆角边后　　　　（c）三维实体

图8.29　圆角边

8.4.3　剖切实体

可以用剖切平面将三维实体切开，然后根据需要保留实体的一半或都保留。

1. 激活"剖切"命令的方式

（1）命令：SLICE。
（2）菜单栏：单击"修改"→"三维操作"→"剖切"命令。
（3）面板：单击"实体"→"实体编辑"→"剖切"按钮。

2. "剖切"命令执行过程

第一步　选择要剖切的对象（选择要剖切的三维实体，按Enter键）。
第二步　指定切面的起点或［平面对象（O）/曲面（S）/Z轴（Z）/视图（V）/XY（XY）/YZ（YZ）/ZX（ZX）/三点（3）］<三点>：ZX（选择与ZX坐标平面平行的平面作为剖切平面）。
第三步　指定ZX坐标平面上的点<0,0,0>。
第四步　在所需侧面上指定点或［保留两个侧面（B）］<保留两个侧面>。
一般都保留两个侧面，然后删除不需要的部分，这样不容易误删。

【例8-18】　剖切实体，如图8.30所示。

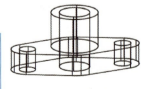

（a）剖切前　　　　（b）剖切后　　　　（c）三维实体

图8.30　剖切实体

8.4.4 截面

用指定平面切割三维实体，可产生一个截面。产生截面的方法与剖切实体的方法基本相同。

1. 激活"截面"命令的方式

命令：SECTION。

2. "截面"命令执行过程

第一步 选择对象（选择要生成截面的实体，按 Enter 键）。

第二步 指定截面上的第一个点，依照［对象（O）/Z 轴（Z）/视图（V）/XY（XY）/YZ（YZ）/ZX（ZX）/三点（3）］＜三点＞：ZX（选择与 ZX 坐标平面平行的平面作为剖切平面）。

第三步 指定 ZX 坐标平面上的点＜0，0，0＞。

第四步 移动实体，显露截面并对截面进行填充，即可得断面图。对截面进行填充，必须使用户坐标系的 XY 坐标平面与截面共面。

【例 8-19】 截面，如图 8.31 所示。

（a）截面对象　　　　（b）三维实体　　　　（c）截面图

图 8.31　截面

8.4.5 拉伸实体面

拉伸实体面与使用"拉伸"命令将一个二维图形拉伸成三维实体的操作类似。用户可以拉伸实体的某个面而形成实体，该实体被加入原有实体中。

1. 激活"拉伸面"命令的方式

(1) 命令：输入 SOLIDEDIT，选择"面（F）"→"拉伸（E）"选项。

(2) 菜单栏：单击"修改"→"实体编辑"→"拉伸面"命令。

(3) 面板：单击"常用"→"实体编辑"→"拉伸面"按钮 。

2. "拉伸面"命令执行过程

实体编辑自动检查：SOLIDCHECK＝1。

第一步 输入实体编辑选项［面（F）/边（E）/体（B）/放弃（U）/退出（X）］＜退出＞。

第二步 输入面编辑选项［拉伸（E）/移动（M）/旋转（R）/偏移（O）/倾斜（T）/删除（D）/复制（C）/颜色（L）/材质（A）/放弃（U）/退出（X）］＜退出＞。

第三步　选择面或［放弃（U）/删除（R）］。

第四步　选择面或［放弃（U）/删除（R）/全部（ALL）］（继续选择，或按 Enter 键结束选择）。

第五步　指定拉伸高度或［路径（P）］。

第六步　指定拉伸的倾斜角度＜0＞（输入拉伸角度，按 Enter 键）。

已开始实体校验。

已开始实体校验。

第七步　输入面编辑选项［拉伸（E）/移动（M）/旋转（R）/偏移（O）/倾斜（T）/删除（D）/复制（C）/颜色（L）/材质（A）/放弃（U）/退出（X）］＜退出＞（按 Enter 键结束面编辑命令）。

实体编辑自动检查：SOLIDCHECK＝1。

第八步　输入实体编辑选项［面（F）/边（E）/体（B）/放弃（U）/退出（X）］＜退出＞（按 Enter 键结束实体编辑命令）。

【例 8-20】　拉伸实体面，如图 8.32 所示。

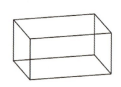

（a）拉伸前　　　　　　（b）拉伸后　　　　　　（c）三维实体

图 8.32　拉伸实体面

8.4.6　移动实体面

移动实体面就是将三维实体的面移动到指定位置。该功能用于修改经过布尔运算的实体上的孔、洞位置。

1. 激活"移动面"命令的方式

（1）命令：输入 SOLIDEDIT，选择"面（F）"→"移动（M）"选项。

（2）菜单栏：单击"修改"→"实体编辑"→"移动面"命令。

（3）面板：单击"常用"→"实体编辑"→"移动面"按钮。

2. "移动面"命令执行过程

实体编辑自动检查：SOLIDCHECK＝1。

第一步　输入实体编辑选项［面（F）/边（E）/体（B）/放弃（U）/退出（X）］＜退出＞。

第二步　输入面编辑选项［拉伸（E）/移动（M）/旋转（R）/偏移（O）/倾斜（T）/删除（D）/复制（C）/颜色（L）/材质（A）/放弃（U）/退出（X）］＜退出＞。

第三步　选择面或［放弃（U）/删除（R）］。

第四步　选择面或［放弃（U）/删除（R）/全部（ALL）］（继续选择，或按 Enter 键结束选择）。

第五步　指定基点或位移。

第六步　指定位移的第二点。

已开始实体校验。

已开始实体校验。

第七步　输入面编辑选项［拉伸（E）/移动（M）/旋转（R）/偏移（O）/倾斜（T）/删除（D）/复制（C）/颜色（L）/材质（A）/放弃（U）/退出（X）］＜退出＞（按 Enter 键结束面编辑命令）。

实体编辑自动检查：SOLIDCHECK＝1。

第八步　输入实体编辑选项［面（F）/边（E）/体（B）/放弃（U）/退出（X）＜退出＞（按 Enter 键结束实体编辑命令）。

【例 8－21】　移动实体面，如图 8.33 所示。

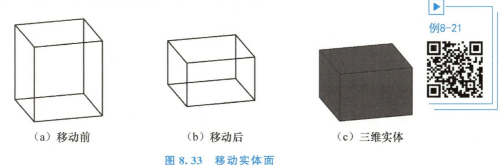

(a) 移动前　　　　　　　(b) 移动后　　　　　　(c) 三维实体

图 8.33　移动实体面

8.4.7　三维旋转

三维旋转是指将三维物体绕某平行于坐标轴的直线旋转一定角度。

1. 激活"三维旋转"命令的方式

(1) 命令：3DROTATE。

(2) 菜单栏：单击"修改"→"三维操作"→"三维旋转"按钮 ⊕。

2. "三维旋转"命令执行过程

用户坐标系当前的正角方向：ANGDIR＝逆时针　ANGBASE＝0。

第一步　选择对象（选择要旋转的对象，按 Enter 键）。

此时光标处出现三种颜色（红色、绿色、蓝色）的椭圆，分别代表垂直于三个坐标轴的圆的轴侧投影，且物体以三维线框模型显示。

第二步　指定基点。

第三步　拾取旋转轴（将光标移动到红色椭圆上，红色椭圆变成黄色，显示一条通过该椭圆的中心并平行于 X 轴的直线，该直线即旋转轴，单击该椭圆即拾取该旋转轴）。

第四步　指定角的起点或输入角度。

第五步　将光标移动到 90°极轴角的位置单击。

至此，完成物体的三维旋转（绕平行于 X 轴的直线旋转 90°），旋转后消隐。

可以使用 AutoCAD 提供的三维小控件方便地实现三维旋转、三维移动和三维缩放，方法如下：在三维视口中选择对象，右击出现的三维小控件，在弹出的快捷菜单中选择"旋转""移动"或"缩放"命令。

【例 8-22】 三维旋转，如图 8.34 所示。

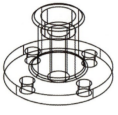

　　（a）旋转前　　　　　　　（b）旋转后　　　　　　　（c）三维实体

图 8.34　三维旋转

8.5　三维模型的显示效果

在绘制三维图形的过程中，为了便于观察和编辑，AutoCAD 为三维实体提供多种显示样式。

8.5.1　消隐

三维线框模型可以显示所有可见和不可见的轮廓线，不能准确地反映物体的形状和观察方向。用户可以利用"消隐"命令对三维线框模型进行消隐。对于单个三维线框模型，可以消除不可见的轮廓线；对于多个三维线框模型，可以消除所有被遮挡的轮廓线，使图形更加清晰、观察起来更加方便。消隐前后效果如图 8.35 所示。

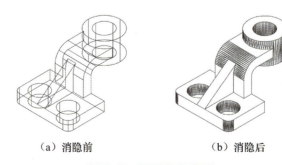

　　　　　　（a）消隐前　　　　　　　　（b）消隐后

图 8.35　消隐前后效果

激活"消隐"命令有以下两种方式。

（1）命令：HIDE。

（2）菜单栏：单击"视图"→"消隐"按钮 。

激活"消隐"命令后,用户无须选择目标,AutoCAD自动对当前视口的所有对象进行消隐。消隐时间与图形的复杂程度有关,图形越复杂,消隐时间越长。

8.5.2 视觉样式

视觉样式是一组设置,主要有二维线框、线框(三维线框)、消隐、真实、概念等视觉样式,其中二维线框、真实、概念较常用。

激活"视觉样式"命令有以下3种方式。

(1)菜单栏:单击"视图"→"视觉样式"→"二维线框"/"线框"/"消隐"/"真实"/"概念"等命令,如图8.36(a)所示。

(2)面板:单击"常用"→"视图"→"二维线框"/"概念"等选项,如图8.36(b)所示。

(3)单击视口左上角的"二维线框"控件,如图8.36(c)所示。

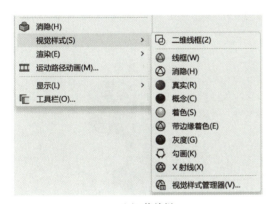

(a) 菜单栏

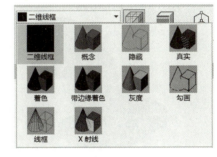

(b) 面板

(c) 二维线框

图8.36 激活"视觉样式"命令的3种方式

1. 二维线框和线框

"二维线框"和"线框"命令均用于显示用直线和曲线表示边界的对象,但线框的坐标系显示为着色的图标。用建模方法和实体编辑得到的模型默认用二维线框显示。

2. 消隐

使用"消隐"命令可以消除不可见轮廓线，使曲面只显示可见轮廓线，而不显示构成曲面的三角形小平面，而且坐标系显示为着色的图标，消隐效果如图 8.37 所示。

图 8.37 消隐效果

3. 真实

使用"消隐"命令可以增强图形的清晰度，而使用"真实"命令可以对三维实体产生更真实的图像。

当物体被赋予某种材质时，"真实"视觉样式将显示材质的质感，否则将按物体的颜色显示。按"真实"显示的效果，赋予物体的材质为灰石色金属漆材质，如图 8.38 所示。

4. 概念

使用"概念"命令的效果与使用"真实"命令的效果类似，但不显示材质，只按物体的颜色显示。着色有冷暖色的过渡，效果缺乏真实感，但是可以更方便地查看模型细节，如图 8.39 所示。

图 8.38 按"真实"显示的效果

图 8.39 按"概念"显示的效果

对于用"消隐""概念"或"真实"视觉样式显示的物体，如果需要对其进行编辑和修改，则需要用"二维线框"或"三维线框"的视觉样式显示，以方便操作。

8.6 利用三维实体生成视图和剖视图

8.6.1 概述

通常在二维绘图环境下绘制组合体的视图和剖视图。用二维绘图方法绘制视图和剖视图时，通常按照"长对正、高平齐、宽相等"投影规律逐一地画出构成视图的每条图线，与手工绘图的原理基本相同。采用这种方法绘制组合体的视图和剖视图时，绘图工作量大，绘制图形中容易遗漏图线和出现投影错误。在 AutoCAD 中，可以由组合体的三维实体模型通过投影转化获得视图和剖视图。采用这种方法绘制的视图和剖视图与其三维实体具有内在联系，不会遗漏图线和出现投影错误，而且绘图效率较高。

8.6.2 三维实体模型生成视图和剖视图

三视图实际上是将空间三维实体分别沿 X、Y、Z 轴向三个投影面投影得到的。首先在模型空间中构造出组合体的三维实体模型，然后将其转化为视图和剖视图。

下面为图 8.40 所示三维实体模型生成对应的三视图或带剖视图的三视图。

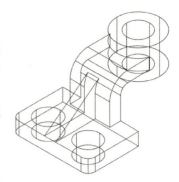

图 8.40 三维实体模型

1. 切换图纸空间

单击绘图窗口下面的"布局 1"选项卡或状态栏上的"模型/图纸"按钮，进入图纸空间，并删除原布局视口。

2. 设置绘图标准

单击"常用"→"视图"面板右下角箭头按钮，弹出"绘图标准"对话框，如图 8.41 所示，选择"第一个角度"投影类型，单击"确定"按钮。

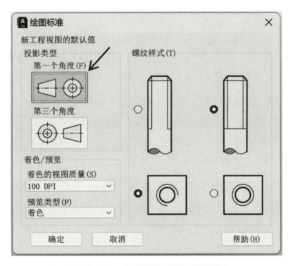

图 8.41 "绘图标准"对话框

3. 生成基础视图及子视图

基础视图又称父视图，它是生成其他视图的基础。取前视图做基础视图比较方便，方法如下。

(1) 单击"常用"→"视图"→"基点"按钮，单击"从模型空间"按钮，激活 VIEWBASE 命令，在选项卡和面板出现"工程视图创建"选项卡。

(2) 在"工程视图创建"选项卡下的"选择"面板中单击"模型空间选择"按钮，在模型空间中修改创建三视图所对应的模型。

(3) 在"工程视图创建"选项卡下的"方向"面板中单击"前视"按钮。

(4) 在"工程视图创建"选项卡下单击"外观"→"隐藏线"→"可见线和隐藏线"按钮；单击"外观"→"比例列表"中的视图比例。

(5) 在布局视口中左上方单击基础视图的放置位置。

(6) 单击"工程视图创建"选项卡下的"确定"按钮，布局视口中生成前视图。

(7) 在前视图的下方适当位置单击，生成俯视图；在前视图的右方适当位置单击，生成左视图。

(8) 按 Enter 键结束命令，得到为三维实体模型生成的视图，如图 8.42 所示。

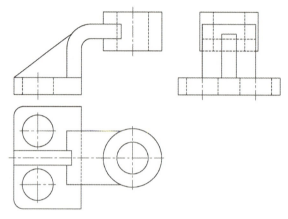

图 8.42　为三维实体模型生成的视图

4. 生成剖视图

为图 8.40 所示的三维实体模型生成带剖视的三视图的步骤如下。

(1) 单击绘图窗口下面的"布局 2"选项卡，进入图纸空间，并删除原布局视口。

(2) 单击"常用"→"视图"→"基点"按钮，单击"从模型空间"按钮，激活 VIEWBASE 命令。

(3) 在"工程视图创建"选项卡下的"选择"面板中单击"模型空间选择"按钮，在模型空间中选择保留的模型；在"方向"面板中单击"俯视"按钮；单击"外观"→"比例列表"中的视图比例。

(4) 在布局视口中左下方单击基础视图的放置位置。

(5) 单击"工程视图创建"选项卡下的"确定"按钮，布局视口中生成俯视图。

(6) 在选项卡和面板"布局"选项卡下单击"创建视图"→"截面"→"全剖"按钮，激活 VIEWSECTION 命令。

(7) 选择俯视图作为父视图，功能区出现"截面视图创建"选项卡。

(8) 设置"截面视图创建"选项卡下"注释"面板中的"标识符"为 1。

(9) 根据命令行提示选择俯视图中左右边线的中点（可以适当各向外偏 2～3mm）作为截面的起止点。

(10) 按 Enter 键结束命令，生成 1—1 剖视图。

(11) 重复上述步骤（6）至步骤（10），以 1—1 剖视图为父视图，在其右侧生成 2—2 剖视图。

(12) 单击"线宽"按钮，显示线宽。

(13) 修改线宽，添加中心线。

①单击"常用"→"图层"→"图层特性"按钮，弹出"图层特性管理器"对话框。

为图层名称加后缀"_可见""_隐藏""_DIM""Hatching"，分别存放可见轮廓线、不可见轮廓线、尺寸标注、填充图案。可以根据需要修改各图层特性，这里将"MD_隐藏"的线宽修改为 0.25mm。新建图层"中心线"，并将其置为当前图层。

②在布局视口中添加中心线。带剖视图的三视图如图 8.43 所示。

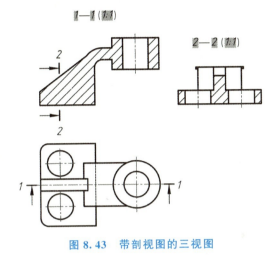

图 8.43　带剖视图的三视图

练 习 题

1. 创建一个长度为 2000mm、宽度为 1000mm、高度为 500mm 的长方体，并生成视图和剖视图。
2. 创建一个底圆直径为 2600mm、高度为 1500mm 的圆锥体，并生成视图和剖视图。
3. 将一个半径为 400mm 的圆沿指定的路径拉伸，看看可以得到什么样的三维实体。
4. 将练习 1 的长方体与练习 2 的圆锥体进行交集，看看可以得到什么样的三维实体。
5. 将练习 1 的长方体与练习 2 的圆锥体进行并集，看看可以得到什么样的三维实体。

第9章 图形的打印和输出

本章教学要点

知识要求	能力要求	相关知识
模型空间和图纸空间	熟悉模型空间和图纸空间	模型空间和图纸空间
图形的打印设置	熟悉打印机/绘图仪； 熟悉图纸尺寸； 掌握打印区域； 掌握打印偏移和打印比例； 熟悉打印样式表； 熟悉图形方向	打印机/绘图仪； 图纸尺寸； 打印区域； 打印偏移和打印比例； 打印样式表； 图形方向

绘制图形后，进行打印和输出操作，可以将图形打印到图纸上或输出为其他格式的文件。

可以在模型空间中打印和输出图形，也可以在图纸空间中利用布局打印和输出图形。

9.1 模型空间和图纸空间

工作环境有模型空间和图纸空间两种，可以在其中使用图形。模型空间可以由"模型"选项卡访问，如图 9.1 所示；图纸空间可以由"布局"选项卡访问，如图 9.2 所示。

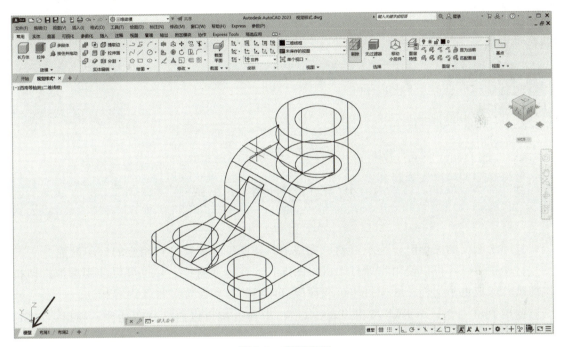

图 9.1 模型空间

一般默认在模型空间绘制图形。首先确定一个单位是表示一毫米、一分米、一英寸、一英尺还是表示某个最方便的单位；然后按 1∶1 的比例绘制二维模型和三维模型，还可以添加标注、注释等内容。

准备打印图形时，要切换到图纸空间。可以设置带有标题栏和注释的不同布局；在每个布局上，可以创建显示模型空间的不同视图的布局视口。在布局视口中，可以相对于图纸空间缩放模型空间视图。图纸空间中的一个单位表示一张图纸上的实际距离，以毫米或英寸为单位，具体取决于页面设置。

在 AutoCAD 中，模型空间只有一个，而图纸空间可以包含多个布局。在图纸空间输入的内容将不会出现在模型空间，而在模型空间输入的内容可通过图纸空间的浮动视口显示在布局图中。

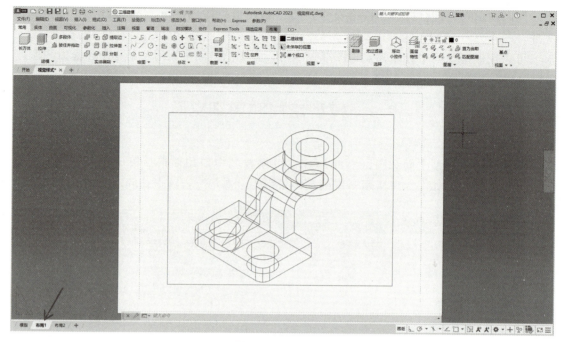

图 9.2　图纸空间

9.2　图形的打印设置

打印绘制好的图形时，为了清晰、完整地打印图纸，需要进行相应的打印设置。

打印输出时，可以使用物理打印机将图纸打印在标准图纸上，也可以使用虚拟打印机将图纸打印成电子文件。物理打印机或虚拟打印机的打印设置过程及内容相同。

使用 Plot 命令、单击 🖨 按钮或者按 Ctrl＋P 组合键可以启动打印功能，弹出"打印-模型"对话框，如图 9.3 所示。

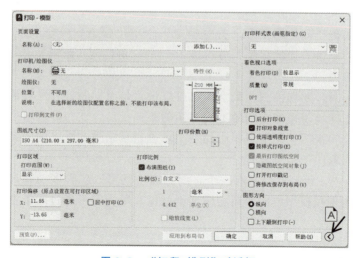

图 9.3　"打印-模型"对话框

若"打印-模型"对话框中未显示"打印样式表"和"图形方向"选项区,则可单击右下角的⊙按钮显示隐藏内容。

9.2.1 打印机/绘图仪

当使用的计算机与物理打印机连接时,可以在"名称"下拉列表框中选择该打印机,如图 9.4 所示。

图 9.4　选择打印机

9.2.2 图纸尺寸

选择不同的打印机,在"图纸尺寸"下拉列表框中显示的图纸尺寸不同。选择图纸后,将在"打印机/绘图仪"选项区的"特性"按钮下面显示图纸预览,如图 9.5 所示。

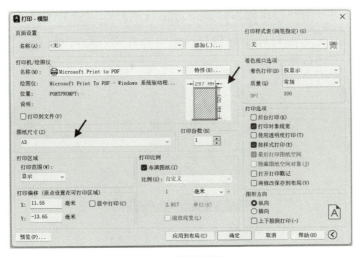

图 9.5　选择图纸尺寸

9.2.3 打印区域

一般在"打印范围"下拉列表框中选择"窗口"选项,如图 9.6 所示。进入模型空间，使用矩形框指定需要打印区域的对角点完成选择，打印区域以阴影形式显示在预览窗口。

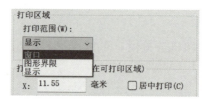

图 9.6 选择打印范围

9.2.4 打印偏移和打印比例

在"打印偏移"选项区指定打印区域相对于可打印区域左下角或图纸边界的偏移，如图 9.7 所示。

图 9.7 打印偏移

观察预览区域阴影范围，调整"打印比例"。打印比例控制图形单位与打印单位之间的相对尺寸。若预览时图纸的外缘出现红色线，则说明设置的打印比例偏大，打印区域超出了图纸范围；若预览时阴影区域在图纸中仅占很小部分，则说明设置的打印比例偏小。在预览区域看不到阴影区域与打印偏移和打印比例有关，此时可勾选"布满图纸"复选框，系统自动匹配打印区域和图纸。

9.2.5 打印样式表

在"打印样式表"下拉列表框中选择打印样式，如图 9.8 所示。弹出"打印样式表编辑器"对话框，如图 9.9 所示，可以设置打印样式。

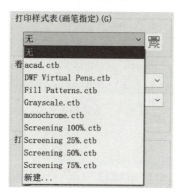

图 9.8 选择打印样式

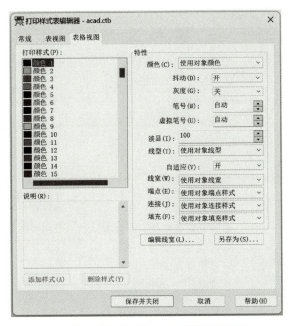

图 9.9 "打印样式表编辑器"对话框

9.2.6 图形方向

在"打印-模型"对话框（图 9.3）的"图形方向"选项区中选择"纵向"或"横向"单选项，以确定图纸打印方向。

参 考 文 献

陈继斌，2022. 机械制图［M］. 北京：北京大学出版社.
张会斌，周乔勇，2023. AutoCAD 2020 计算机绘图.［M］. 成都：西南交通大学出版社.